U0855502

# FBI

# 微反应心理学

## 处处占先机的心理策略

Wei Fan Ying Xin Li Xue

金圣荣◎著

黑龙江教育出版社

图书在版编目（CIP）数据

FBI微反应心理学 / 金圣荣著. -- 哈尔滨：黑龙江教育出版社, 2017.7（2019.5重印）
（若水集）
ISBN 978-7-5316-9523-3

Ⅰ. ①F… Ⅱ. ①金… Ⅲ. ①心理学—通俗读物
Ⅳ. ①B84-49

中国版本图书馆CIP数据核字（2017）第192638号

FBI微反应心理学
FBI Weifanying Xinlixue
金圣荣 著

责任编辑 高 璐
封面设计 久品轩
责任校对 杨 彬
出版发行 黑龙江教育出版社
（哈尔滨市群力新区群力第六大道1305号）
印 刷 固安县保利达印务有限公司
开 本 710毫米×960毫米 1/16
印 张 12
字 数 142千
版 次 2018年1月第1版
印 次 2019年5月第2次印刷

书 号 ISBN 978-7-5316-9523-3 定 价 35.00元

黑龙江教育出版社网址：www.hljep.com.cn
如需订购图书，请与我社发行中心联系。联系电话：0451-82533097 82534665
如有印装质量问题，影响阅读，请与我公司联系调换。联系电话：010-64926437
如发现盗版图书，请向我社举报。举报电话：0451-82533087

# 前　言

人心难测，在人际交往中想要真正了解一个人并不容易。人与人之间的交往，就是心与心的较量。想要在人际交往中占有主导权，就需要对他人内心的真实想法和情绪有更清晰的认识，这样才能找到合适的方式引导对方跟着你的节奏进行交流。但由于人们并不愿意轻易将自己的性格和情绪暴露给他人，往往会用各种方式对自己的言行进行修饰，以掩饰和伪装自己。所以，想要了解他人就需要有敏锐的洞察力。不仅要有听得懂“弦外之音”的能力，还需要具备察言观色的能力，也就是从他人的非语言中，看懂其内心世界，了解他的真实性格和心理变化。

美国心理学家埃克曼教授主要研究人的脸部表情辨识、情绪与人际欺骗。埃克曼教授认为，谎言是普世现象，在这个世界上，几乎没有谁不曾说过谎，不论他是政治精英、商界巨贾，还是普通的小市民。总之，说谎成了人类生活的潜在主线。为此，埃克曼认为，了解他人、识别谎言是每个人需要掌握的本领。而在他看来，想要识破他人的谎言，必须从其一举一动、一颦一笑开始。埃克曼曾经与美国国防部、联邦调查局、中情局合作，研究的主题就是测谎。作为 FBI 心理分析专家，他提出了很多关于如何识破谎言的理论，而这些主要是从人的面部表情动作方面来阐述的。

关于肢体语言，很多心理学研究者也提出了与埃克曼相同的观点。他们认为，人们是通过一些表情动作，把内心情绪传达给他人的，也就是说，表情动作具备了表情达意的能力，而且不止于此。当人们受到外界刺激后，不同身体部位的微反应，完全能够将个体的某些信息泄露出来。尽管人在受到外界的某种刺激后，其微反应表现的时间可能很短暂，但正是这样一种下意识的表情，真实地反映出了他的情绪变化。

什么是“微反应”？不言而喻，微反应就是反映一个人真实心理活动的细微表情和肢体动作。人们之所以能够透过微反应，捕捉到他人的情绪变化，主要在于它能自发地投射出人的内心世界。所以，在人际交往中，捕捉到他人稍纵即逝的表情动作非常重要，因为你可以透过那些表象判断、分析出对方的真实想法，从而在交流交往中掌握更多的主动权。这也是美国 FBI 多年来能够屡破大案的不二法门。可以说，作为 FBI 成员，每一个人都具备了敏锐的洞察力，他们能够从犯罪嫌疑人做出的一些易于被常人忽略的微小的动作中，捕捉到他们想要的信息，从而以此为突破口，揭穿他们的谎言，让那些罪犯最终不得不承认自己犯下的罪行。

人们的微反应无处不在，它就隐匿于人们的举手投足、一颦一笑之间，只要用心观察，就可以发现。那些表情总会在无意识之中出卖他的主人，将其内心的真实想法透露给他人。在与人交往的过程中，尤其，在对抗性交往的过程中，任何一个人都不希望自己的失态被他人发现。其实失态正是微反应的一种。人一旦失态，就很容易被人占据上风，因此，每一个失态之人都会用最短的时间调整好自己的情绪，将自己真实的心理状态，用各种方式进行抑制、掩饰或伪装起来。对于微反应而言，失态是容易被人发现的。但更高级别的微反应是很难被对方察觉的，有时候可能连自己都能骗过。它与失态产生的过程一样，也是个体对自己内在情绪和外显行为的失控，不过其反应程度较小，失控的时间很短，而且往往会被个体不着痕迹地掩饰过去。对于这种微反应，人们想要捕捉到是很困难的，这需要具备一定的观察方法，不疏忽对每一个细微之处的观察，包括从形体动作、表情动作、服饰、习惯动作等等来加以观察。

在微反应中，眼神是泄露秘密的主要元凶之一。在人类整个面部器官中，眼睛的活动是最复杂多变的，因此，它所携带的信息也是最丰富和难以捕捉的。心理学研究发现，人类的眼神交流和眼睛中的眼白部分有密切关系，眼白能够敏锐地捕捉到对方眼神的波动，从而破解对方发送的信息。而在人际交流中，也可以通过眼神交流的时间在整个交谈过程所占的时间比值，分析出此次交流的效果。眼神交流时间所占的比例越高，则说明交流效果也越好。从这点而言，在交流中，注意观察对方的眼神非常有助于了解对方内心的真实想法。

相比于眼神而言，身体其他部位的微反应，虽然不及眼神那么丰富多变，但也能通过细小微妙的变化，泄露出一个人内心的情绪变化和真实想法，比如手部的各种微动作。在观察肢体语言时，人们往往忽略对手臂的观察，其实，这样的疏忽恰恰容易让人们失去对某种信息的捕捉。美国心理学家奥尔波特教授指出，当一个人的情绪处于兴奋状态时，其手臂动作是舒展自如且有力的；相反，在情绪低落或内心缺乏安全感时，手臂的动作会表现得比较僵硬，甚至会被自己的意识冻结。这种情形的出现，都是人类边缘大脑自然产生的第一反应所致，所以它所传达的信息是真实可靠的。而肢体各部位都会在外界刺激下产生各种微反应，这些无意识的动作也都从某个侧面不同程度地反映出一个人内心的情绪变化或者真实状态。不论是手部、脚部、眉毛还是下巴，都会在不知不觉中，将主人出卖。因此，在人际交往中，想要了解他人内心的真实想法和情绪，要从多个方面去观察，然后进行综合分析、判断，以得出最接近事实的结论，从而帮助自己调整交流的态度和方式。

本书从多个方面详述了人在外界刺激后，肢体表现出的细微反应状态，以及它们所表现出的内心情绪反应。通过一些看似平常的细微动作，告诉人们如何破解它背后隐藏的种种复杂的内心活动，并通过 FBI 破获的真实案例，来阐明善于观察细小微妙的动作反应，才是破解他人内心真实情绪和想法的必经之途。希望读者在阅读本书后，能在识人方面有所提高，继而加强人际交往的能力。

# 目　录

**第一章　笑容反应：FBI 教你看清笑容背后的心思**

1 从笑容中解读他人的情绪……2

2 如何读懂他人微笑所表达的意思……6

3 从笑的方式看一个人的性格……10

4 FBI 如何看待人类的笑容……13

**第二章　眼神反应：FBI 教你从眼睛里识别出一个不一样的世界**

1 眨眼并没有你想象的那么简单……18

2 眼部特征和动作所对应的心理状态……21

3 跟随对方的视线来移动你的目光……27

4 交流过程中的目光转移……31

5 谎言被拆穿了？很可能是眼球出卖了你……34

**第三章　表情反应：FBI 教你识别丰富的面部动作背后的真假虚实**

1 不放过任何一个细微的表情变化……40

2 人类心理活动的“显示器”：综合面部表情……44

3 如何断定一个人的表情只是虚伪的欺骗........................50
4 FBI 在下巴里发现的惊人秘密........................55

**第四章　肢体反应：FBI 告诉你肢体动作中的无声语言**

1 不同手形代表的不同性格........................60
2 不要被冻结的手臂蒙蔽双眼........................64
3 远离人类大脑的脚步声........................68
4 脚部姿势和动作如何体现个性特征........................72
5 抖腿所暗示的心理变化........................76
6 注意腿部姿势变化所传递的信号........................79

**第五章　习惯反应：FBI 教你挖掘生活习惯背后的思维定式**

1 不可忽视的喝茶习惯........................84
2 习惯性买单的人到底是什么心理........................89
3 鞋子里潜藏的蛛丝马迹........................92
4 阅读习惯能真实反映一个人的内心........................96
5 人的心理有可能影响日常饮食习惯........................100
6 睡觉习惯中的潜意识心理........................104

**第六章　性格反应：FBI 教你破解性格与行为的关系**

1 吃饭习惯与人的性格........................108
2 表现自己也要适可而止........................112
3 为什么总有人喜欢高谈阔论........................116

4 体型与性格的惊人联系......120
5 维护面子的方式也能暴露出男人的性格......124

**第七章　身体反应：FBI 教你不要忽视身体的小动作**
1 女性的“专属”动作——摸胸口......128
2 身体距离多远，心就距离多远......132
3 联邦特工教你识别孩童时期的肢体语言......136
4 孤独女性的肢体语言......140
5 通过坐姿读懂一个人的内心......143
6 身体倾斜所代表的含义......147
7 关键时刻，用气场征服对方......151
8 交叉双臂是一种自我保护意识的反应......157

**第八章　日常反应：FBI 教你发现日常生活背后的蛛丝马迹**
1 字如其人，不无道理......162
2 频繁冒汗很可能是因为怕谎言败露......166
3 女人外出时为什么喜欢挽着男人的胳膊......170
4 领带的选择与佩戴代表男人的心情心性......173
5 提包能够彰显一个人的需求与个性......178

# 第一章　笑容反应：

## FBI 教你看清笑容背后的心思

# 1

# 从笑容中解读他人的情绪

笑在生活中司空见惯，每个人都会笑，快乐时会笑，悲伤至极时哭不出来反而笑，极度愤怒时会大笑……可见，笑所表现出的内容是十分丰富的。

有科学家曾提出猜测，认为人类最初的笑是为了将腹中多余的气体排出体外，使得肠胃发胀感得以消失；或者是人类在感到威胁后，向敌方发出的一种警示信号。

心理学研究发现，越早开始笑的婴儿越聪明。而婴儿第一次开始笑，是由于感受到了温暖和舒适，一般情况下，婴儿在六个月大的时候，看到妈妈的笑脸后就会笑。在六个月到一周岁的时间内，婴儿能学会发自内心的笑。

心理学研究认为，婴儿此时和他以后生命中的笑，都是基于一个重要原因：表达对焦虑的掌控。也就是说，笑具有调节情绪的作用。

人们成年以后，笑就有了太多的内涵，也变得极为微妙。人们会因为曾经担忧某件事而焦虑，等到克服了害怕或者知道无须再担忧时就会笑。比如：一位小伙子第一次去女友家拜访她的父母，开始时很紧张，害怕自己不能令人家满意。过了一会儿，女友偷偷告诉他，她父母很中意他时，他终于舒了一口气，轻松地笑了。

人们在生活中也会经常碰到这类事，经历了某种险境最后得以逃生的人，再讲述此次经历时，他的语气里总是充满笑声。之所以会这样，一部分原因是庆幸自己逃过了一劫。人在危险时，会全心全意对付问题；危险过后，就需要释放紧张，而笑的作用正在于此，它可以使情绪得以平缓。

研究发现，笑能使紧张的肌肉松弛，引起压力的荷尔蒙也会减少，讨好的笑和谄媚的笑，也是缓解紧张状态的方法之一。由此，我们就可以理解一些看似并不应该笑的事情，可是当事者却笑了这样的问题。

现代心理学研究发现，强烈的负面情绪可能引发积极的表现，正如在遭遇紧张和困难、可怕的情况时人们会发笑一样。也就是说，当人的情绪处于不佳状态时，数值为负数，如果此时继续增大负值，大到使其濒临崩溃的地步，那么，这时由于情绪太压抑，难以释放，而为了让这种情绪有一个突破口，人就会突然笑出声，因为濒临崩溃的负值可以被笑拉回来一些。事实上，人类这种自觉调整情绪的能力是与生俱来的，不需要什么技巧和策略就能得到。因为人类的大脑有自发调节情绪的手段，而发笑就是调节的一部分，使得当事者不被消极情绪压垮。

FBI 心理学专家指出，人们在笑的时候，大脑会释放出快乐激素，这是一种有效的止疼物质，能缓解体内的各种疼痛。因此，人们为了赶走内心的负面情绪，往往会用笑的方式，来使内心的力量变得更加强大。

所以，如果认真观察，可以从人们的笑容中看出他们的情绪变化，进而判断出其内心的大致想法。

当然，人们笑的原因各种各样，有时确实是因为高兴，但也可能是出于无奈，也有可能是嘲笑，或者为了掩饰而假装的笑，等等。但不论是哪种原因，它们都说明了人类内心的复杂。引发人们笑的方式有很多，引起发笑的原因也有很多，比如，我们经常会看到的笑有善意的笑、嘲讽的笑、冷笑、哈哈大笑、嬉笑等等。

在人际交往中，人们往往是带着各种假面具与人相处的，而这些笑容背后就隐藏着各种不同的心思。所以，识别他人的笑容，也是人际交往的一门必修课。

人类内心的复杂性，要求人们在与人交往时，必须具备更多的识人本领，这样才能正确认识他人，并找到合适的方式与其共事。如果能从笑容中去识别一个人的真实意图，在人际交往交流中，也具有一定意义。

杜彻尼曾在《人体生理机制》一书中指出："欢愉的情绪表达在颧骨肌肉和眼周轮匝肌上，前者可以被有意识地控制，后者却只能为真实的快乐驱使。那些虚假的笑容无法引起后者的收缩。眼周的肌肉不会听我们的话，它们是情绪的真实传达者。"也就是说，一个人的笑容是真是假，是可以通过观察被发现的。所以说，人们试图通过笑容来掩饰内心真实的情绪，还是很难的。尽管笑容可以暂时缓解内心的紧张。

那么，如何识别他人笑容中的情绪变化呢？

人的笑容有很多种，大笑、傻笑、狂笑、苦笑、嘲笑、微笑、皮笑肉不笑、嬉笑等，各种不同的笑所表达的内容是不同的。所以，想要了解一个人笑容背后的内容，首先要分清他的笑容属于哪一类，辨别这个很简单，稍稍留意就能发现。而有些时候，对方的笑容让你看不出他的内心到底是一种怎样的情绪变化，这个时候就需要认真观察、分析和判断了。

在 FBI 多年的办案过程中，他们已经很容易能从一些犯罪嫌疑人的笑容中，窥探到他的情绪变化了。因为罪犯为了掩饰自己的罪行，尽管看上去一幅无所谓或无辜的样子，但其实内心是很紧张的，所以，他们的笑容会很轻易地将他们出卖。

# 2

# 如何读懂他人微笑所表达的意思

在人际交往中，微笑是人们经常使用的表情。可以说，微笑是人类最美的表情，真诚的微笑能带给他人温暖和亲和力，化解他人的不满和怒火。所以，在人际交往中，微笑十分重要，它往往有着比任何言语更加强大的力量。

事实上，微笑代表着很多东西。比如自信，当一个人面对困境时，他还能从容地微笑，就说明在他的心里有着不畏艰难的信念，他是一个不轻言放弃的人。当然，在某种情况下，微笑未必是发自内心的。比如，一些职业性的微笑，一些掩饰性的微笑等等。

现代社会，人们的工作压力很大，一些人便会常常做出嘴角上扬、眼睛眯起的笑容状，而他人则很难猜到这些笑容的背后究竟是怎样的心思。FBI 心理学家，曾针对这个问题做过大量研究和实验。他们发现，微笑的形式有很多种，如嘴角咧开，露出牙齿，或者眼睛眯起，或者下巴略抬，或者紧抿双唇。研究认为，微笑往往源于快乐，但除此之外，人在尴尬时也会微笑，这时人的表情通常是下巴耷拉着；在问候他人时，人微笑的表情更多呈现出眉毛上扬的样子；而在显示自己的实力时，微笑的表情会是抬起下巴，表现出对对方的蔑视……由此可见，同样是微笑，但面部表情的微妙变化，让微笑有了更多的内容。因此，这也给人际交往带来了一定的难题，因为读不懂他人微笑背后的真正含义，就无法了解对方的心思和真实的情绪，这样势必会为人际交往带来一定的影响。而一个善于察言观色的高手，自然能在社会交往中游刃有余，因为对方的一颦一笑、一言一行都在他的掌握之内，所以他才能“对症下药”，让对方在不知不觉中跟着他的节奏走下去。

所以，想要在人际交往中立于不败之地，就要具有察言观色的能力。也就是说，不仅要能从对方的言谈话语中找到突破口，还要能从他微妙的表情中，捕捉到其内心真正的情绪变化。微笑作为一种经常被人用于掩饰内心真实想法的工具，如果能辨别它的真伪，了解其背后的内容，对大家的人际交往也是有一定帮助的，不过，想要辨别微笑的真伪，还需要有一定的小常识。

为了帮助人们成功破解他人微笑表情的真假，美国心理学家保罗·埃克曼及华莱士两位教授经过多年研究，设计出一套面部表情的识别编码系统。实验证明，真笑来自于人们内心的喜悦，那是一种自发的笑容，它和伪装的笑容，也就是故意收缩面部肌肉引发的笑是不同的。

（1）发自内心的微笑：眼睛眯起，嘴角上翘。

当一个人发自内心微笑时，主管面部笑容的颧骨肌肉和环绕眼睛的眼轮匝肌会一起收缩。由于真笑是自发产生的，所以它不受意识的支配，当人们感受到愉悦时，就会反射性地将嘴角翘起，除此之外，眼轮匝也会在大脑负责处理情感的中枢的自动指挥下缩紧，这时眼睛会自然变小，同时，眼角有皱纹产生，眉毛微微倾斜。

（2）虚伪的笑：只能看到嘴角上提。

既然笑容是伪装出来的，这种微笑自然是一个人通过有意识地收缩脸部肌肉、咧开嘴、抬高眼角而产生的。与真笑相比，不同的是，当这种微笑表情产生后，眼轮匝肌不会收缩，因为人的意识是无法支配眼部肌肉的，它只有在真的有感而发时才会有所变化。在人际交往中，人们往往会看到一些人假笑时的动作非常夸张，面部肌肉收缩强烈，脸被挤成一团，看上去笑得眼睛眯成一条缝。其实，如果仔细观察他的眼角皱纹和眉毛就会发现，他的笑是伪装的。也可以说，想要了解一个人的笑是真的还是假的，可以将其面部的其他部位全都遮住，只露出眉毛和眼睛来进行辨别。如果是发自内心的微笑，自然能看得出来；而如果是伪装的笑，就只能看到一双无神的眼睛。

（3）嘴巴和眼睛同时笑开是假笑。

如果一个人发现自己说的假话可能被他人识破时，为了蒙混过关，通常会露出微笑的表情加以掩饰。所以，一般情况下，人在说谎时，总会更多地露出微笑的表情。微笑具有缓解情绪的作用，一个撒谎的人，由于内心不安必然会情绪紧张，因此便会通过微笑来缓解自己不安的情绪。另外，人们常常会利用假笑来与他人套近乎，或者笼络对方。

但是，伪装的笑容和发自内心的笑毕竟是有区别的。研究者通过对笑容和脸部特点的分析表明，二者的不同之处在于，嘴巴和眼睛的动作时机是完全不同的。发自内心的笑容，通常是先从嘴角笑开，然后带动眼睛；假笑则不然，它在发生时，嘴巴和眼睛的动作是同时进行的。当然，有的假笑是嘴笑眼睛不笑，这种情况往往是因为个体将全部注意力都放在了嘴巴上，而没有顾及眼睛。由于这种假笑自然程度太低，所以很容易被识破。

在人际交往中，为了更好地了解他人，人们非常需要懂得一些看穿真假笑容的本事。那么看穿真假笑容需要哪些方法呢？

（1）看脸部。发自内心的微笑，会在脸上呈现出这样几个显著的特点：面颊上升；嘴角朝着眼睛的方向上扬；眼睛周围的肌肉堆出皱纹；眉毛微微倾斜。

伪装的笑，通常只有具有这样两个特征：嘴角上提，嘴角被平行拉向耳朵的方向；眼睛中看不到任何感情。

（2）从嘴巴和眼睛的动作时机来看。发自内心的笑容是先从嘴角开始笑，然后带动眼睛，也就是说，它们不是同时进行的；伪装的笑容通常是嘴巴和眼睛一同动作，没有时间差。

（3）看眼睛和眉毛：真笑时眼睛也跟着笑；假笑时眼睛是无神的。

FBI 在审讯犯罪嫌疑人时，可以通过辨别对方的微笑来判断他的性格特征以及此刻的情绪变化，并从中找到突破口。因为透过真假微笑，探员才能清楚在哪个环节还需要注意观察和重复提问，使嫌犯说出对破获案情更加有利的信息。

# 3

# 从笑的方式看一个人的性格

笑，在生活中对人们的影响至关重要。它也是交际能力中的一个重要因素。其实，在社会生活中，很多人能赢得他人的信任，有时并不是因为能言善辩，而是他的笑容所带给人的一种踏实感，让人对他产生了信任。比如，在销售过程中，大部分情况下，能签下单子的人，未必是那些巧舌如簧之人，反而是那些总把笑容挂在脸上的人。

当然，笑容一定要真诚，就算在工作场所中展现的笑容，也要真诚。如果你的笑容看起来很假，那么这样的笑容还不如没有。因为真诚的笑容和虚伪的笑容还是很容易被识别的。有些人还可以透过他人的笑容判断出其性格以及笑容背后的心思。所以，做人要真诚。只有真诚的人，才会露出真诚的笑容，而真诚的笑容也必会赢得他人的好感和信任。

在人际交往中，人们不难发现，有些人也喜欢笑，但那笑容往往并不受人喜欢，因为他的笑怪怪的，要么是一种对他人的嘲讽，要么是一种令人费解的表情，要么阴阳怪气……这样的笑容无疑是令人不舒服的，而一个人一旦经常习惯做出这种反应的话，也一定会影响他的人际关系。

无疑，人们会从笑容中判断一个人为人是否友善、真诚。而学会从他人的笑容和笑声中去了解其性格，也是人际交往中必备的本领。

想要在人际交往中掌握更多的主动权，当然先要对他人的性格有所了解，因为这样才能知道他的情绪变化规律，他的喜好憎恶。所以，在与人交往时，除了可以从对方的言谈举止中观察其性格特征，还可以通过一个人的习惯笑容和笑声中去发现他的性格特征。

任何一个人都会笑，而且常常会笑，但不同性格特征的人，所发出的笑声也是不同的。对此，美国心理学家卡恩指出，不同类型的笑，显示不同的性格类型。

（1）开怀大笑：这类人大多坦率、真诚，笑声非常爽朗。他们通常具有行事果断、迅速的个性，所以当他们决定做某事时，就会马上付诸行动，绝不拖泥带水。

（2）偷笑：这类人一般都比较内向，有些害羞和腼腆。但是，他们头脑冷静、心思缜密，对任何事情都能以客观的态度来对待，因此做出的决定很少出错。同时，这类人往往也是隐藏自我的高手，对于他们的心思，别人是很难摸透的。他们对他人的要求往往很高，如果对方达不到要求，自己的心情就会受到影响。不过，他们容易相处，很少发脾气。

（3）用鼻子发笑：这种笑是一种从鼻子里发出的笑，其目的在不想被别人注意到自己在笑，所以只好忍住笑，用鼻子发出来。这类人大都比较心细，而且很在意别人对自己的感觉。

（4）笑声柔和：这类人通常比较沉着稳重，在大是大非面前能保持冷静。同时，他们也非常通情达理，所以在思考和处理问题时，往往能够从他人的立场去考虑。由于这类人深明事理，所以很善于处理各类人事纠纷问题。

（5）未语先笑：有些人在没有说话之前会先露出笑容，这类人通常性格比较开朗，脾气好，是可以交往的朋友。而且他们感情丰富，喜欢帮助人，并能够体贴和关爱他人。另外他们也很善于表达感情，敢于追求自己喜欢的人。

其实，在生活中，人们所呈现的笑的特征远不止这些，而其中所透露的个人内在信息也更加复杂。这就需要人们用心观察、分析和判断，从而帮助自己了解他人的性格与心思。

FBI 心理分析专家认为，作为个体微反应中的笑容与笑声的背后，往往隐藏着一个人性格中的某些特征。所以，这也是 FBI 办案人员在对犯罪嫌疑人的审讯过程中，不可疏忽的一个细节。

# 4

# FBI 如何看待人类的笑容

很多人都认为 FBI 探员是一群十分神秘的人。这个神秘群体常常面无表情，脸上见不到一丝笑容，总会给人一种铁石心肠的感觉。不过，他们并非真的“铁石心肠”，而是他们更懂得笑容会暴露一个人的内心世界。FBI 知名探员乔・纳瓦罗（Joe Navarro）说：“笑容的背后，即是人丰富的内心世界。”他们已然将笑容当作了读懂人心的工具。

美国第三任联邦调查局局长J・彭斯曾说过这样一句话：“一般意义上的笑，是因为人发现了令他高兴或者快乐的事情。孩提时候的笑是最纯真的笑，因为在那个时候，孩子眼里的一切都是美好的，没有什么令人烦心的事。随着时间的推移，思想的成熟，各种压力随之而来，笑容也变得不那么纯粹。”世界上有各种各样的笑容。有相识多年的老友间会心的笑，有父母见到工作在外的儿子时激动的笑，有下属对领导阿谀奉承时谄媚的笑，有竞争对手间各怀鬼胎的奸笑……太多太多的笑，也让美国特工看到了人们千变万化的内心世界。

训练有素的美国特工，往往能通过一个人的笑判断出他的性格特征：

喜欢开怀大笑的人一般比较开朗大方；而喜欢用手来掩住笑容的人往往言行谨慎、性格温婉；笑声很高的人喜欢在他人面前出风头、哗众取宠；而有的人则会用鼻音代替笑声，这种人往往不太懂得尊重他人……

FBI常常与各式各样的人打交道。他们发现，与陌生人交谈时，大多数人往往会表现出一种淡淡的微笑。如果能够在接下来的交谈过程中找到共同话题，那么他们的言语将会不断地增多，而笑容也随之不断增多。一旦谈到最有共鸣的话题，那么双方肯定会不时地开怀大笑。这种开怀大笑是内心最真挚的表达，没有半点虚伪的成分。美国特工认为这是一种人与人之间极为自然的交流过程，从微笑转为开怀大笑，反映了双方从对待陌生人的出于礼节性的心态，转变成了老朋友般不拘小节的心理。

FBI认为，那些日常生活中不苟言笑的人一般都行为谨慎、思想成熟。这类人尤以男性居多，特别是身居要职的男士。与美国特工的发现类似，有研究者很早就提出女人笑得比男人多。很多情况下，男人都是工作或生活中比较强势的一方，正由于这种强势的角色，让他们不得不将自己的笑藏起来，以在他人面前显示自己的威严，维护自己的强势地位。

但FBI同时指出，不论是男人女人，他们的笑都能够反映其内心世界。经过多年经验，美国特工总结了几种表现人内心世界的最典型的笑。

特工们的学习手册上写有这样一句话：当我们看到人笑的时候，将两片嘴唇紧紧地闭在一起，首先要揣摩对方是不是在表现拒绝。美国特工认为这种抿嘴笑是一种很难让人琢磨透的笑，在碰到有人以这种方式笑的时候，一定要提高警惕，通过对方的言谈举止综合判断，千万不能被他天花乱坠的言语所蒙骗。FBI还发现一些人会呈现“阴阳笑”。这种笑在日常生活中并不常见，但在工作中却相当普遍。这样笑的人脸上会出现两种截然相反的表情，一面笑得夸张，好像春天的暖阳；另一面则紧锁眉头，像冬日的严寒。美国特工分析，有这种“阴阳笑”的人往往是阿谀奉承的谄媚之辈。他们为了能够得到某种利益，经常在上司或者领导面前“阴阳笑”。美国特工认为，这种人虽然会让很多同事讨厌，但是他们确实比一般人更能观察他人，为人也十分老到。

FBI 指出，分辨一个人是真笑还是假笑不是一件特别难的事，难的是改变我们固有的观念。很多人都认为，眼睛是心灵的窗户，那么我们就能很容易地从对方眼睛里看出他是真笑还是假笑，而事情并不是这样。分辨一个人是真笑还是假笑，最简单易操作而且准确率高的办法是观察他的嘴唇。美国特工说，如果一个人笑的时候嘴角上扬，那么他是发自内心地笑；而如果一个人看起来在笑，但他的嘴角却被拉向耳朵的方向，那么他很可能是出于礼貌性的微笑或者假笑。

FBI 在审问被调查者时，经常看到一些人时不时地朝他们冷笑。美国特工说，冷笑时人的颊肌会一起将嘴角拉向耳朵的方向，而这个表情在全世界几乎都是在表达一个人的轻视态度。美国特工举例说，在审问嫌疑犯时，只要碰到这种轻视别人的冷笑，他们就一定会更有目的性地去调查这个嫌疑犯，因为冷笑意味着嫌疑犯比美国特工知道的要多得多。

FBI 发现，有的人在笑的时候十分不自然，断断续续的，好像有什么东西掺杂其中。在美国特工看来，最好少与这种人交流和接触，因为这种人是不真诚的，他们往往十分重视物质和势利。

关于如何从笑容中分析一个人内心的变化，特工杰瑞举出了一个案例：在一家美国知名投资银行里，发生了一件让人奇怪的事，短短一个月的时间，银行竟然丢失了将近 100 万美元的资产。银行行长认真地查看该银行的业务往来，核实到账户都没有出现异常。于是，银行请美国特工协助调查这起离奇的资金不翼而飞的案件。

FBI 首先也是认真核查了银行的业务交易清单，但是一无所获。排除业务交易处理方面出现失误的可能性之后，他们将问题定在了人为篡改银行业务数据上。之后，美国特工请负责银行资产管理的所有人员都接受了一次讯问，但仍然没有找到任何有效的信息。

FBI十分苦恼，那么多钱怎么会不翼而飞呢？这时，银行行长向FBI提供了一条十分有用的线索：半个月之前，银行请一名叫作保尔·罗丝的银行数据库工程师对银行系统进行了维护和升级，这可是极关键的人物。FBI立即找到保尔·罗丝，对他进行了调查和问讯，虽然保尔·罗丝并没有拒绝美国特工的调查，但他的表现不得不让美国特工更加怀疑他。

在接受问讯时，保尔·罗丝虽然回答得不错，但他脸上的笑十分虚伪，话语也是时断时续，给人的感觉是他并不想多讲什么。但即使他没有多讲什么，美国特工还是认准了偷盗银行钱财的就是他。就是他那种十分不自然的笑，断断续续的笑，将他出卖了。后来保尔·罗丝经不住美国特工的旁敲侧击，最终还是选择了自首，承认是他将那100万美元转走的。

可见，笑容里包含的真情实感是很难掩藏的，即使什么都不说，精明的 FBI 还是能通过笑容读懂人心，从而抓捕犯罪分子。对于普通大众来说，能够在人际交往的过程中通过笑容读出对方的想法，更会使自己在人脉场中顺风顺水，游刃有余。

# 第二章　眼神反应：

## FBI 教你从眼睛里识别出一个不一样的世界

# 1

# 眨眼并没有你想象的那么简单

现实中的每个人都会眨眼。在 FBI 前犯罪学专家罗伯特·雷斯勒上校看来，眨眼和心理活动有着非常紧密的关联。一个人眨眼的速度有快有慢，而且有时表现得目不转睛，有时又会快速扑闪。虽然眨眼看似是一个简单的小动作，但它有时却隐藏着一些不为人知的心理秘密。

“从一个人眨眼的动作中可以真切地看出隐藏在他内心深处的信息。”这是罗伯特·雷斯勒经常说的一句话。他一直认为，虽然一个人的行为举止是无意的，但正是无意间的一举一动，才显露出了这个人的性格特征，进而使他人得以窥探到这个人的内心，而从眨眼动作中就可以看出不少的心理玄机。

眨眼频率是由人的潜意识控制的行为，当一个人和别人谈话时，如果出现了厌烦、不安等情绪，这个人每次眨眼时会闭上 2 秒甚至更长的时间，而这就意味着这个人在潜意识里希望尽快结束谈话，更希望对方消失在自己的视线中；如果一个人在和别人交谈的过程中，眼睛一直处于闭合状态，那么就说明这个人对谈话的内容表现出了不耐烦，与此人进行谈话的人可以就此停止与他的谈话。

心理学方面的研究表明，人在正常且放松的情况下，眼睛每分钟会眨10次左右，而每次眨眼时眼睛闭上的时间也只有1毫秒。当人们撒谎时，眨眼的频率就会明显提高，而且闭上眼睛的时间也会比正常状态下要长。

关于眨眼动作的研究和分析，包括罗伯特·雷斯勒在内的很多进行心理研究的人都做过相关的实验。早在 20 世纪 60 年代，罗伯特·雷斯勒就做过这样一个测试：他将接受测试的人分为两组，第一组人自由活动 15 分钟，并且活动内容要尽量简单一些，而这样做的目的就是让测试者在短时间内不会做出任何需要用说谎来掩盖真相的事情；第二组测试者没有自由活动的十五分钟，而是被告知要马上对他们进行提问。之后，罗伯特·雷斯勒让接受测试的人戴上了可以测试眨眼频率的专业仪器设备。结果发现，说真话的测试者，眨眼频率要比一般情况要高，这是因为这些人由于担心自己回答不好问题心里产生了焦虑不安的情绪；而那些说谎者，他们的眨眼频率变化则十分明显，首先他们表现出的是眨眼频率放慢的情况，这表明他们在思考如何回答被提问到的问题，以便用撒谎掩饰真相，可当他们将谎话说出口后，眨眼频率就开始明显上升。由于此时他们眨眼的行为根本不受自己大脑的控制，所以他们这一前一后眨眼动作的明显变化也将他们的谎言暴露无遗。

罗伯特·雷斯勒甚至开玩笑地说：“一个人眼睛的变化中蕴藏着很多信息，如果这个人在说谎时，你能读懂这些信息，你所判定的结果的准确率会丝毫不比测谎仪低，这就好比把测谎仪随时带在身边。”

一般情况下，一个人在说谎的时候眼神会飘忽不定，眼珠转个不停，或者一直眨眼睛，不敢正视对方的眼睛，视线往往会转移到其他的方位，甚至还会脸红。确实，一个普通人在说谎的时候是会有这样的表现形式的，但是 FBI 认为，当一个人和对方在说话的时候敢于直视对方的眼睛，并不意味着这个人就没有撒谎，因为有些说谎的人与上述的情况恰恰相反，在说谎的时候，会直视对方的眼睛，并且丝毫没有紧张和慌乱的感觉。

FBI 的这种说法并不是没有根据的，随着现代社会科技的进步和发展，人说谎的"技术"也自然越来越高，因此人们就不能不再单纯地把"在说话的时候是否敢正视对方的眼睛"作为判断对方是否在说谎的依据了。

随着社会的发展，骗子的说谎"技能"在不断提高，随着他们行骗技能的不断提高，他们在说谎的时候也非常注意对方的心思。他们敢于正视对方的眼神，而且还会加上从容的或者带有感情的表情，因为，这样会使对方更加容易相信他们，而他们也就更加轻而易举地进行行骗。最终的事实也证明这样的人是对的，因为现实中大多数的人都会认为一个人在说谎的时候，眼神会出卖这个人，但实际上仅仅凭借一个人的眼神是不完全能够判定出一个人是否是在说谎的，还必须根据对方的其他的动作或者行为，再加上对其眼睛的凝视，才能看出一个人是否在说谎。

FBI 认为，现在虽然说谎者的"技术"得到了提高，但是由于这些人在说谎的时候会直视对方的眼睛，而且有时候直视的时间还会较长。在这样的情景下，这个人可能会存有三种情况：其一是这个人可能企图想从对方那里得到什么，采用这种长时间直视对方的方式来暗示对方；其二是这个人可能对对方充满了敌意和挑衅；其三便是这个人有可能在撒谎。而在这三种情况中，一般撒谎的可能性是最大的。

# 2

# 眼部特征和动作所对应的心理状态

在人类的整个面部器官中，眼睛的活动最为复杂多变，因此，眼睛活动所携带的信息也是最为丰富和难以捕捉的。心理专家通过对比发现，无论一个人的性格是温和还是暴躁，是冷淡还是热情，是睿智还是愚钝，他的面部都会表现出不同的特征，而眼睛正是面部特征中最为重要的表现器官。可以说，眼睛是辅助语言交流的重要工具，而眼神对于想法和感情的表达，则是未经过任何人为加工的，所以，眼神才是人类思想感情的最直接表现。

心理学家经过调查研究发现，人类进行眼神交流和眼睛中的眼白部分关系很大，因为眼白可以敏锐地捕捉到对方眼神的波动，从而接收到对方发送的信息。而在所有灵长类动物中，只有人类拥有眼白，也就是说，只有人类可以通过眼神进行交流。同时研究表明，女性的眼白往往比男性多，所以相对来说，女性更容易多愁善感。

心理学家的最新一项研究成果表明，交流双方的眼神接触时间可以反映出不同的信息。在两个人的交谈过程中，以眼神接触时间占交谈时间的比例来说，如果小于30%，那么说明两人的交流基本属于无效交流，这也就是说，双方对彼此的信息根本不感兴趣，只是出于客观原因才不得不进行交流；而如果这个比例在30%到60%之间，则说明双方对彼此的信息已产生兴趣，这种情况下，双方达成预期结果的几率会大幅提升，他们之间也是因为主观需要才进行的交流；如果比例大于60%，则说明双方的兴趣很可能已经超出谈话内容，而转移到了说话的人身上，在这种情况下，双方不仅可以非常容易地达成预期结果，而且还有可能达成长期稳定的合作关系。然而值得注意的是，一般情况下，礼节性的注视宜在3秒钟左右，过短可能让对方觉得无理，过长则有可能使对方感到不适。

当然，与人交流时要学会坦然面对，对视时间不宜过长，并且不宜四处张望。否则，即使交谈一方仅仅是因为不习惯或者害羞，对方也有可能误读为自己的表述受到轻视或者质疑，从而使谈话陷入僵局。经过长时间的分析总结，心理学家得出了一系列可以作为判定依据的眼部动作特征。

（1）凝视眼神和内心活动的关联。

如果是单方面的痴情凝视，那么行为人一定十分尊重、敬佩甚至崇拜对方，这种情况一般出现在对老师、长辈、上级和社会名流等人群的身上；如果是双方的凝视则完全是另一种情况。双方的凝视，确切地说是对视，除了情侣之间的脉脉私语外，这种情况通常是一种潜在的交锋，而最终回避的一方往往处于弱势；如果是占据主动或优势的一方采用凝视动作，则很有可能是陷入了某种思考当中。此外，一个人眼珠的移动速度也会暴露他的心境。如果眼珠移动平缓，那么此人一定心境平和；而如果一个人的眼珠移动迅速，那么他的内心世界一定处于不安和焦躁之中。

（2）回避眼神和内心活动的联系。

耷下眼皮，眼睛望着地面是回避眼神的标志性动作，这是一种类似于采用逃避方式处理问题的方法。在双方的交流过程中，如果其中一方采用了回避的眼神，那么表明行为人已经选择了屈从。当然，选择回避实际上也是一种潜在的自我保护。无论回避动作得到的结果如何，行为人都是为了化解矛盾，而不是想要激化矛盾。但如果占据主动的一方变本加厉，则可能迫使屈服的一方发起绝地反击，最终使双方矛盾激化甚至发生冲突。此外，行为人在回避对方眼神的同时也可能是在东张西望，但它表现更多的却是不屑甚至挑衅。

（3）瞳孔变化与心理活动的联系。

心理学家研究发现，瞳孔的大小变化，除了会受到光线的影响之外，和情绪也有很大关系。例如，当一个人的心情处于舒畅或者兴奋状态时，瞳孔会自动放大；而当一个人的情绪处于低落或者郁闷状态时，他的瞳孔则会渐渐缩小。当然，进入眼睛的情景也会使瞳孔发生变化。例如，一些容易让人感到恶心、痛苦的场面，会让人的瞳孔缩小；而一些美好的场景又会使人的瞳孔放大。可见，瞳孔的变化是一个人情绪的外在体现，并且瞳孔的变化属于生理范畴，无法通过后天的训练主观控制，所以，瞳孔的变化经常会暴露一个人的心理状态。此外，瞳孔本身还具有一定的传导性，当一个人的瞳孔放大被另一个人看到后，对方的瞳孔也会随之放大，这就使瞳孔较大的人更具魅力。

（4）眨眼和心理活动的联系。

眨眼同样属于一种难以控制的生理反应，即使没有受到任何外界刺激，眨眼动作也会自主进行。这是因为眼睛具有自我保护功能，随时会对眼部组织进行清理和消毒。但心理学家指出，一个人眨眼的次数每分钟都会在 10 次左右，每次眨眼的时间也不会超过 0.3 秒。所以，当行为人在正常环境中的眨眼次数超出这个范围，那么他的眨眼动作就已经和心理活动产生关联。通常情况下，焦躁、紧张、忧虑等负面情绪会使眨眼次数增多，而平和、欣慰、兴奋等正面情绪会使眨眼的次数减少。

在研究过程中，心理学家为了更加深入了解眼睛和心理之间的关联，还对眼睛的外形特征进行了分析总结。结果表明，除了眼神变化和心理活动息息相关之外，眼睛的外形特征也与性格信息密不可分。

眼形细长的人通常性格比较内敛，聪明睿智，富于创造力，乐于帮助别人。另外，这类人的意志也比较坚定，一旦认定的事情便不会轻易改变，而且深谋远虑和统筹全局的能力也是这类人取得成功的重要原因。如果眼睛细长的同时又十分明亮，则说明此人忠实本分，值得朋友信赖。不过，这类人对朋友的选择十分挑剔，也只有在对待自己真正认可的朋友时，他们才会毫无保留。

圆形眼睛的人一般比较外向，热情奔放、不拘小节，常常为别人带来欢声笑语。此外，富于爱心是这类人的另一性格特征，他们心地纯净、感情丰富，甚至悲天悯人。如果被人冒犯甚至伤害，只要别人是无心之过，他们都不会计较。即使受到故意的伤害，这类人也下定决心与之绝交甚至报复，但只要伤害他们的人真心悔过，他们最终还是会不争气地原谅对方。可以说，这是这类人的优点，同时也是弱点。

眼睛比较大的人在心态上比较趋向乐观。他们在接触内向性格的人时，自身性格也会趋于内向；如果接触的人都是外向型性格，他们的性格又会趋于外向。因此，这类人的适应能力比较强，也能在一定情况下保持积极心态，但他们受外界影响的几率比较大，经常会更改已经做出的决断。因此，犹豫不决是这类人致命的性格缺陷。

眼睛比较小的人偏于外向，但他们会很好地把握尺度，常常表现出风趣幽默的一面，且富于智慧。对此，心理学家指出，实际上这是一类比较现实的人群，他们在大多数情况下都能保持冷静，往往能够在人群中先于别人做出反应，获得成功的意识和能力都比较强。不过，这类人通常气量不大甚至心胸狭隘，所以，他们在大是大非面前总是畏首畏尾、犹豫不决。

除了对眼形特征的研究，心理学家还同时进行着另一项课题，即对人类视野的研究。视野研究的对象有性别之分，一般来讲，男性的视野比较狭窄，但观察的距离会比较远，对于远方存在的事物，男性往往先于女性发觉；而女性的视野则比较宽广，相同的距离，尤其是近距离的事物，女性的目光会更加独到。据相关数据显示，男性的视野距离大体为女性的三倍，而女性的视野范围则约为男性的六倍。

对此，心理学家表示，男性和女性的视野差距早在远古时期就已经开始逐渐形成。在原始社会，人们依靠体力和笨拙的武器捕获猎物，身体强壮的男性就有了优势。因为常常需要紧盯猎物，所以男性的视野焦距就越来越集中并越来越远；而女性则多从事一些采集和整理的工作，比如寻找野果、野草，修理农具、武器等，这就使得她们的视野越来越近并越来越宽广。这种细微的差别经过数千万年甚至上亿年的积累衍化，到了现代人身体上，差距实际上已经很明显了。比如，现实生活中的一些细节就可以证明这一观点——对于近距离的小物品，如钥匙、火机、纽扣等，即使近在眼前，男性也经常无法发现，而是望着远处乱找；而女性则容易发现这些小物品。这其中，除了细心的成分之外，视野的差别也是一个很重要的原因。

此外，行为人对异性关注的差别也是一个有趣的现象。心理学家指出，男女双方对异性的需求程度是基本相等的，也就是说，他们对异性的关注程度也大体相近。但心理学家观察发现，在实际生活当中，常常可以看到一些男性因为关注女性而忽视其他事物，甚至在路上有撞到垃圾桶、路灯杆的情况。而对异性有同样渴求的女性却鲜有这种状况发生，原因就是她们的视野更加宽广，如果有感兴趣的事物出现，她们往往只要转动一下眼球就可以看到了，完全不必把整张脸都对准目标。

# 3

# 跟随对方的视线来移动你的目光

在现实中，一个人的视线也是一种探视他人心理的信号。通过视线探测对方的内心世界，也是 FBI 在审讯犯罪嫌疑人时经常使用的一种方法。因为联邦调查局的特工发现，一个人的视线往往能够反映其内心的变化，而他们也往往能够通过观察疑犯视线的变化来洞悉其内心世界，从而为破获案件提升几率。

FBI 的行为心理分析专家认为，人的视线方向能反映出其心理状态，而当人的内心发生变化的时候，其视线也必然会有所变化。在与人交谈时，斜视的目光就蕴藏着非常丰富的含义。

通常来说，斜视可能表示感兴趣，也可能是表示猜疑和不确定，甚至是表示轻蔑或者敌意。那么，斜视到底表示拒绝、轻蔑，还是猜疑对方呢？

曾经担任过 FBI 代理局长的路易・帕特里克・格雷通过多年的实战经验，掌握了一些通过视线读懂别人心理特征的心得。在他看来，当你与别人谈话时，如果对方斜视你，往往意味着他对你的话题不感兴趣，或者他并不重视你甚至是想远离你。显然，在这种情况下，斜视意味着不屑一顾，甚至是鄙视；如果别人在斜视你的同时，眉毛微微上扬或者面带笑容，那可能就表示他对你很有兴趣，而如果发生在异性之间，那很有可能是一种求爱的信号；相反，如果对方斜视你的同时伴随眉毛向下压低或眉头紧皱，嘴巴下拉等表情，那多半表示猜疑、敌意、反对等态度。

路易·帕特里克·格雷在长期的实践中还发现，在与人谈话的过程中，那些喜欢目不转睛地盯着对方的人通常比较诚实，但这并不意味着他会盯着对方不放。很多时候，路易·帕特里克·格雷在与疑犯周旋的过程中，就十分注重对疑犯视线变化的观察，而且，在观察中他发现，相当一部分嫌疑人往往会在特工的注视下移开视线，而这恰好说明疑犯多半因为心中存在愧疚感等，才快速将视线移开，试图掩盖自己一些不为人知的事情。

比如，路易·帕特里克·格雷曾经将画有一双皱着眉头的眼睛的图纸贴在一家珠宝店巨大而透明的玻璃柜上，玻璃柜里面放着一些珠宝，之后他对进入商店的人进行了观察。观察中他发现，当一些人来到珠宝店玻璃前的时候，被眼前的珠宝深深吸引，将手放在玻璃上想要去摸珠宝，可当他们看到玻璃上放着的眼睛后，手就快速地缩了回来，并匆忙离开了。原来，他利用了人们做贼心虚的心理，虽然不是真的眼睛，但却能在心理上对那些偷盗者构成一定的心理压力。而那些试图偷盗珠宝的人为了避开这种视线，自然不敢进入商店行窃了。

路易·帕特里克·格雷认为，在观察对方视线的时候，要注意几个细节：首先，观察对方是否在注视自己。那些想掩盖事实的人，多半会将视线移开；其次，观察对方视线移动的情况，是目不转睛地注视，还是刚一接触就移开，甚至是飘忽不定地看其他的地方，是自下而上的移动，还是自上而下的移动；最后，不要忘记观察对方是在正视你，还是侧视或者斜视你。因为不同的情况，视线的移动变化能反映出不同的心理。比如，当领导和下属讨论工作时，领导的视线一定是从高处出发，并且很自然地投射下来；而作为下属，即便没有做错事，视线也往往会由下而上，显得软弱无力。显然，这与职位和权限有关。职位高的人自然希望在下属面前保持其威严，而下属通常对领导也怀有一种畏惧的心理。另外，初次见面时，如果对方在你身上上下打量，不要认为对方对你不尊重，这只是出于一种本能，你完全可以表现得大度、从容一些。

实际上，路易・帕特里克・格雷在研究中还发现，人的视线变化与人们的性格有很大的关联。通常在人们的交往中，性格内向的人，多半无法自始至终都注视对方，他们往往频繁地移动视线。相反，那些初次见面时，先将视线移开的人往往性格较为主动。而在交谈的过程中，能否很快占据优势地位往往取决于最初的30秒。也就是说，先移开视线的人多半是胜利者。此时，你可能会因为对方先移开视线而感到不适，以为对方不喜欢自己，甚至于对此耿耿于怀，而正是因此在无形中你已经完全受制于对方。所以，在日常交往中，与人初次见面时，在没有其他特殊的情况下，先将视线移开而不能集中视线与你交谈的人，你要小心应付。

除此之外，当人们面对异性时，如果对异性瞄上一眼，然后有意匆忙移开视线，多半说明这个人对对方有好感。比如，走在大街上，如果迎面走来一位年轻貌美，穿着时尚的女性，几乎所有人的视线都会投向她，但这时，年轻的男性通常匆忙地看上一眼便很快地会将视线移开，把脸转向一旁，而这基本可以认定他们对这样的女性非常感兴趣。如果他们的兴趣或者欲望表现得极为强烈，他们很可能会通过斜视来偷看女性。

总之，视线的变化能够反映出不同的心理状态。路易·帕特里克·格雷提醒FBI特工，实战中要学会留意对方视线的变化，这样才能准确地把握对方的心理，并洞悉对方内心的真实想法，而做到这些才能为获胜赢得十足的把握。所以，FBI将观察别人的视线变化作为实战中获胜所必备的一堂课程，而且他们坚信学好这门课程可以有效地分析别人的心理。

# 4

# 交流过程中的目光转移

目光是人类最具有神秘色彩的一种身体语言。眼睛能生动地表达出一个人的情感情绪，而目光的相互接触则能够帮助我们有效地控制交流的氛围。目光是如此神奇，当演讲者踏上讲台时会先用目光扫视一下整个会场，这种扫视有一种掌控的作用。这时，台下的听众马上就会集中精神进入到听讲状态，而演讲者也有一种掌握全局的自信。因此，有经验的演讲者会用自己的目光掌控整个现场，使整个演讲有条不紊地进行。

在与他人进行交流时，人们的目光通常会停留在对方的脸上以示尊重。目光不仅是引起注意、增进感情的重要方式，它所传达的信息也能够帮助我们了解到对方内心的真实想法。人们初次接触时所产生的第一印象，往往就是由我们眼睛所看到的东西决定的。在生活中，经常会发生这样的情况：当你用目光望着对方时，却发现对方将目光转到了别处。究竟发生了什么事情？为什么另一方要将目光投向别处呢？每一个碰到过这样情景的人恐怕都迫不及待地想要知道其中的奥秘。

FBI 表示，当你与他人交谈时，如果对方将目光投向远方，表明对方对你的说话内容毫无兴趣或者是大脑被其他的事情所占据。比如，一名男士和自己的女友沟通结婚事宜时，她却将眼睛望向远处，这表示她心中正在考虑其他事情或者根本就无意与男友结婚，也或许是她心中有了别人，但不知如何对男友开口。另外，如果对方是很重要的谈判对手，当他的目光凝视于某一点或者两眼的聚焦点不变时，这表明他正在思考别的事情。如果生意对象出现这种情况，最好再重新考虑与对方的合作，以防对方支付不了货款或者货物有问题等。

一个人斜视的目光是在表达蔑视、疑惑、拒绝的心理。生意上的竞争对手或者其他方面的对手难免会正面交锋，这时双方就会用这种轻蔑的眼神盯着对方。另外，当一个人与他人交流时，如果对对方的言语感到疑惑，或者是对自己将要付诸的行动犹豫不决时，通常他就会用斜视的目光看着对方，同时还会皱着眉头问："这是真的吗？"又或者是在告诉对方："我现在还做不了决定！"但是，FBI 又指出那种斜而带笑的眼神有时也在表达一种兴趣，尤其是在初次见面的年轻男女之间，如果双方有兴趣就会用斜视的眼光悄悄打量彼此，这往往被看作是一种表达喜爱之意的信号。

人们在交谈过程中，视线接触的时间应该占到交谈时间的 30% 至 60%。如果超过 60%，则表明彼此对对方的兴趣可能大于交谈的内容；如果低于 30% 时，则表明彼此对交谈不感兴趣。两个人的视线接触是有一定限制的，如果灵活掌握分寸，不仅会使对方感觉到尊重与重视，而且还不会让气氛变得尴尬。

另外，如果有人是因为受到关注才转移视线，FBI 认为，这种形势下的目光转移往往是在表示屈服。在动物界中也可以碰到这种情况，如果一只猩猩要对另一只相对弱小的猩猩发起攻击，它就会将自己的目光死死地盯着对方，为了避免受到攻击，弱小的猩猩就会将目光迅速转移，并蜷缩起来让自己显得更加柔弱。

研究表明，由于动物的求生本能，一些灵长类动物在遭遇攻击时，都会尽可能地将自己的身体缩紧，并将目光移到一旁。这种行为会减弱攻击者想要攻击的意识，于是被攻击者就很有可能免遭厄运。当人们由于犯错而遭到他人的指责时，就可以采取此种屈服的姿态来博取对方的同情。但是，如果遇到歹徒，这种屈服的姿态反而更会放任对方肆无忌惮的行为。比如你在路上独自行走，正面走过来一群小混混，如果这时你表现出惊慌的样子，更会激起他们的攻击欲望。如果你目不斜视，旁若无人地大步向前走，则会表现出很强的威慑力，那么这些人就会对你产生警诫心理，不敢随便攻击你了。

总之，当你发觉交谈对象的目光不断地在进行转移的时候，其背后定隐藏着某种心理。通常情况下，说谎者都会尽量避开人们的眼光，他们害怕自己的内心被人看穿，不敢正视他人。但并不是所有转移视线的人都在说谎，或许是因为他们觉得不舒服，转移视线仅仅是一种自卫方式。这类人很可能缺乏自信，所以将眼光移向别处，以免被他人看透。殊不知，正是这种躲避行为出卖了他们的内心。

# 5

# 谎言被拆穿了？很可能是眼球出卖了你

眼睛是人类心灵的窗口，是人类身体语言的焦点。FBI 认为，眼睛是人的面部最重要的部位，它将人的性格、情绪、学识等暴露无遗。无论一个人是善还是恶，都能够通过他的眼睛辨别出来。据 FBI 观察，一个善良诚实的人，通常眼神平和、坦荡；而那些心怀鬼胎、行为不轨的人，总是眼光闪烁、飘忽不定。一个人的眼神如何，眼光是否端正，都能有效地反映出他的品性、情绪、心态等。

在生活中，人们经常碰到这种情况：当两个人视线接触时，双方会陷入一个矛盾的心理状况，他们会认为这种对视会让对方感觉不快；但若将视线转移，则有可能让对方察觉到自己的心理。在这种情况下，人们就会变得非常焦急，这种状况主要产生于他们的不自信。据 FBI 分析，这种人习惯从他人的眼中来肯定自己的存在价值。

心理学家表示：当你与一个人进行交谈时，对方的眼神总是飘忽不定，而且一旦与你的视线接触就会快速地将自己的眼神移开。这时，这个人心中可能隐藏着秘密，或者是做了什么有愧于心的事情。从心理学角度分析，这是视线回避的行为，通常是因为对方不想让他人看到自己的心理变化。所以，这时你就可以判断出对方极有可能隐瞒了不想让你知道的事情。

美国心理学家格瑞德和班德勒研究表明，人们眼球的转动可以表现出内心的感想。所以，人们可以通过他人眼光的动向，来判断他们正在想象或者思考着什么东西。在侦查案件时，FBI 的工作人员会和各种各样的人打交道，所以练就了通过目光来解读对方内心的本领。

一天早上，FBI 探员卢卡斯接到一个案子，在一家公寓内发生了一起抢劫案。探员们马上赶到现场了解情况。这家被抢的公寓主人的名字叫劳拉，据劳拉陈述，大约在凌晨2点，一个蒙面的盗贼潜入了她的家里，并将她捆绑了起来，然后将屋中值钱的物件洗劫一空。直到今天早上，她的朋友过来拜访，才发现她被人捆绑着躺在地板上。劳拉一边哭诉着自己的不幸，一边不断地将眼光望向右上方，好像在思考什么事情。劳拉的朋友也向卢卡斯证实，的确是自己解救了被捆绑的劳拉。不过，FBI 探员卢卡斯却判断出了劳拉在说谎。经过几番的审讯，劳拉最终承认是自己伪造了这起案件，目的是骗得财产保险金。那么，FBI 探员卢卡斯是如何得知劳拉在说谎呢？

负责此案的探员表示，是劳拉向右上方转动的眼球出卖了她自己。人们眼球的转动表示大脑正在思考，FBI 通过长期的观察分析出，一个人在回忆自己曾经看见过的东西时，眼光会投向左上方；如果是在回忆听过的声音会将眼神投向侧面，还会将头倾斜做出聆听状。总之，如果人们在回忆真实发生的事情时，会将眼神投向左上方。然而如果一个人正在进行逻辑思维，构建一种声音或者图像时，会将眼球转到右上方。这种眼神转动是一种条件反射动作，没有经过长期的严格训练是装不出来的。

一个人的眼神变化往往发生在一瞬间，同时还伴随着其他的行为动作，所以人们很难快速掌握这些身体信号。不过，通过录像我们就能很容易发现人们的心口不一。

在审讯犯人时，FBI 通常都会注意犯人回答问题时眼神的变化，从而把握对方讲真话时的眼球运动的规律，然后再问一些他们不知道答案的问题，并观察对方的眼球是向同一方向运动，还是朝着相反的方向。如果方向相反，则表明犯人在捏造事件的真相。可见，从一个人的眼神变化中，可以得到很多实用的信息，而这些信息可以有效地反映出人们的心理活动。

一个人的眼球运动，还可以表现出他的个性特征。一个人的眼球经常左右转动，通常可以说明这个人内心缺乏安全，对自己的言行举止非常不自信，甚至还有被害妄想症。FBI 指出，这些人内心对某一件事感到异常惧怕，因此常常表现出焦虑不安的情绪。

如果一个人的眼睛常常无规则地乱转，通常会让人感觉此人是一个不怀好意的危险人物。FBI 表示，这种人极有可能在心中密谋着对你的恶作剧，甚至正密谋利用、陷害你。大量事实表明，那些在交谈中不敢正视你的人，大多都是心怀不轨，或者是已经犯下了有愧于你的罪行。如果发现有人在交谈中不敢接触你的眼神，那么你就要对他的言行举止加倍注意了。

如果一个人在与他人交谈时，经常将目光不断地望向上方，或者是投向身外之物，这表明他对你的说话内容毫无兴趣，但是又出于礼貌不好拒绝。如果他突然将目光锁定在你眼睛上的时候，或许是你此时的话引起了他的注意，又或者是他已经对你的话产生了成见，甚至说他根本就不认同你说话的内容。这时，你需要格外谨慎了。但如果对方突然将自己的眼神向上翻或者是用奇怪的眼神看着你，或者是用尖锐的眼神望着你，这表示他反对你说话的内容。

另外，一些性格古怪的人习惯斜视或者用眼角扫视他人，通常这样的人心胸狭隘、斤斤计较，或者居心不良、心怀叵测，他们的眼神表示他们鄙视一切。

美国心理学家华生·约翰·布鲁德斯提出，如果一个人眼神总是游移不定，不敢正视交谈对象，这极有可能表明他向对方隐瞒了某些事情的真相，或者是对交谈内容或者交谈人本身抱有不满情绪。一个人的眼神变化是极其丰富的，通常能够有效地表达他的情绪和心理活动等，所以从对方的眼神入手，通过观察其眼神变化，眼球运动状态，可以掌握对方真实的想法，然后根据所了解的情况就能做出针对性的防范措施。

# 第三章　表情反应：

## FBI 教你识别丰富的面部动作背后的真假虚实

# 1

# 不放过任何一个细微的表情变化

FBI 的教官们在训练新的 FBI 探员时，总会不厌其烦地强调："由于犯罪嫌疑人的面部表情可以说明一些问题，所以从嫌犯的面部表情中就能发现一些蛛丝马迹，甚至能够洞察出对方的内心真实想法。可以毫不夸张地说，人的面部表情是折射人内心变化的最直观和最有效的方法之一。"

主要从事人格、智力、行为遗传学和行为理论等方面研究的英国心理学家汉斯·艾森克曾说："人类的面部表情的感知度是所有身体器官中最丰富的，它比其他任何一个部位都要具有灵性，更重要的是，它还具有语言表达和传递信息的能力，且丝毫不亚于人类有声语言的传递方式。"的确如此，面部表情在国际上已经成为一种普遍使用的语言，一种不受文化、区域限制的国际通用语言，更是一种有效的交流方式。

布朗·费雷罗拉曾是 FBI 联邦调查局的一名资深探员，同时也是 FBI 中一位专门研究人的面部表情的教官。他指出："面部表情有很多种，比如微笑、失落、慌张、惊恐、欣喜以及假笑等等，每种表情传递出来的信息都不同，且相当丰富，尤其是在观察疑犯的面部表情时，一定要充分利用疑犯的每一种面部表情。”对此，费雷罗拉还举出了他曾协助FBI 侦破的一个案例：

1986 年，费雷罗拉接手了一起年轻女孩谋杀案。经过一番具体的调查，嫌疑犯加西亚·罗杰斯进入了 FBI 的视线。面对费雷罗拉的审讯，罗杰斯一开始显得非常镇定，一副“我不知情”的表情。但 FBI 搜集到的种种证据以及人证都将矛头指向了罗杰斯，而对于罗杰斯狡猾、强硬的态度，费雷罗拉决定换一种审讯方式。有多年办案经验和心理知识的费雷罗拉认为，对于狡猾同时态度又非常强硬的嫌犯而言，太礼貌和太传统的审讯方式几乎不起作用。因此，他决定从犯罪心理的角度进行审讯：“你在作案时，是使用的枪吗？还是用的刀子？或者你使用了锤子？还是仅仅用一根绳子勒死了受害者？”

罗杰斯在听到一根绳子时，表情突然变得僵硬起来，刚开始还左右转动的眼珠子也瞬间停止了活动，不过，罗杰斯随即便咧开嘴笑了起来，并称自己听不懂费雷罗拉在说些什么。但费雷罗拉却不这么认为，相反，他认为罗杰斯这一次听得明明白白，他之所以这么说，是因为他内心害怕了。费雷罗拉认为，罗杰斯和此案一定有关，而且极有可能就是凶手，因为他笑的表情出卖了他。费雷罗拉指出，罗杰斯的笑其实是装的，是假笑。原因就是他内心感觉到了慌张和恐惧，所以他想要用假笑来掩饰自己，以防露出破绽。

费雷罗拉这样说道：“我之所以提到绳子，是因为我在案发现场发现了一根绳子，令我惊喜的是，在我说出绳子可能是他的作案工具时，他先是表情僵硬，之后又咧嘴大笑，这使得我更加怀疑他了。”当然，费雷罗拉断定罗杰斯的假笑是有根据的。费雷罗拉指出，尽管假笑看上去非常像真笑，但实际上两者之间仍有着细微的区别，这是因为它们所用的是不同的肌肉，以大脑中不同的部位作为驱动。驱动假笑的是大脑中的“理性”部位，它使得人们的嘴角向外咧开做出笑的表情，这种笑的表情比哭还要难看。而发出真笑的则是大脑中的“情感”部位，它使得人的两颊张开，眼部还能挤出皱纹，并使得眉毛微微弯曲。

费雷罗拉还指出，眼睛周围的皱纹有时也能够折射出疑犯的内心世界，而这也有助于 FBI 办案人员分清疑犯的笑是真笑还是假笑。但是，咧开嘴角的假笑也能挤出相似的眼部皱纹来，所以要因情况而定。

因此，费雷罗拉当时立即判定罗杰斯是在假笑。凭借他多年的办案经验以及对犯罪嫌疑分子身体语言的分析和研究，费雷罗拉认为在接受审讯时，只有一种情况会使疑犯发出假笑，那就是审讯切中了疑犯的要害，使得他们无从狡辩，内心变得异常恐惧时，他们便会以假笑等表情来掩饰和迷惑办案人员。

除此之外，费雷罗拉通过多年的工作经验，还总结出了一些通过人的面部表情来分析人内心真实想法的方法。在他看来，每个人在现实生活中都会遇到一些困难，而很多人在遭遇困难的逆境期时都会产生消极的情绪，从而演化为一些消极的表情。这些表情包括对人、对事的一些厌烦和紧张情绪，而这些表情都会通过面部的基本特征体现出来。某些人的情绪或心理出现问题时，会表现为脸红、鼻尖通红、眼珠不停转动、目光呆滞、嘴唇紧闭以及面部僵硬等表情，如果你对这些表情做进一步的观察便会发现，他们的神态会越来越不正常。这对于 FBI 探员而言，是最好的案情突破时期，因为此时疑犯的心理防御能力是极低的，这主要是因为他们的内心受到了阻碍和压力。

FBI 提醒大家，如果仅从面部表情去观察一个人，线索可能会很快就消失了，因为人的表情变化是复杂多变的，但同时也是短暂的，稍不留意，便会错过。所以，在观察对方的面部表情时，一定要认真仔细，同时，还要及时而准确地从对方的面部找到线索和答案，这样才不会造成前功尽弃的后果。而这也成为 FBI 联邦探员们训练中的一个指定课程。

另外，一些细微的面部表情，是很难被发现的。通常，这些细微的表情往往不能引起人们的注意，因为它们看上去是微不足道的。其实，这些看似微不足道的表情，很可能反映出对方内心深处更为复杂的心理变化，同时在某些方面还能对研究人员揣摩对方的心理变化起到借鉴的作用。

所以，人们在与他人交谈时不能放过对方任何一个面部表情，哪怕是再细微的表情变化也应该牢牢抓住。正如 FBI 联邦探员大卫·弗朗尼所领悟到的那样："有些时候，从疑犯的面部表情中很难发现什么有价值的信息，尤其是那些善于伪装面部表情的罪犯，他们让办案人员无法分清他们的真实心态。但具有敏锐洞察力的 FBI 探员们会通过疑犯的一些细微的表情变化，让疑犯现出原形，因为细微的表情变化通常是很难伪装的，而且伪装起来也是容易露出痕迹的。"

# 2

# 人类心理活动的“显示器”：综合面部表情

相对于各个面部器官来说，整个的面部表情可以更加准确和完整地表现出行为人的心理特征，心理专家往往可以据此更加方便和迅捷地进行信息捕捉。心理学家坦言，很多行业出于自身需要，也会对心理学进行研究，并在实际行动中加以应对，尤其是一些特殊人群，他们为了完成任务还会接受一些专门的训练。这无疑加大了心理学家对于行为人面部表情的解读难度，但也并没有太大的影响。因为人类的表情动作是从内心瞬间发生并表现在脸上的，而行为人要想刻意进行掩饰，其整张脸的综合表情难以做到无懈可击，往往是其中某个器官会将他们的真实意图暴露出来。心理学家通过对行为人面部综合表情的观察，基本可以让表里不一的行为人无所遁形。

而在日常生活当中，也难免会有人出于各种原因而掩藏自己的真实表情，他们不想让对方知道自己内心所想，总会刻意进行掩饰，而且这种掩饰一旦形成习惯，在一定程度上也很难被人看出破绽。不过，只要对相关心理学有一定了解，行为人这些刻意进行的掩饰同样难以逃过审视。因为人体在受到外界物理或心理刺激后，机体出于自我保护意识，会自动做出一些条件反射，而这些条件反射动作是不受行为人大脑支配的，一旦行为人刻意掩饰，就会产生不协调的动作。其实很多时候，人们做出某一动作，都是经过大脑判断之后才将信号传递给身体进行执行的。即使经过特殊训练的人刻意掩饰内心活动，其表情动作也是有一部分可以被精准解读的。比如：

微笑的综合面部表情：嘴角延伸微向上翘，两唇微开，露出牙齿，这便是微笑的招牌动作。心理学家表示，人类表现自身愉悦的动作有很多，但最常见的便是微笑，这种微笑和工作场合的礼节性微笑不同，它是发自内心的，最明显的特征就是容易感染别人。

悲伤的综合面部表情：嘴角向下弯曲，鼻孔张大，上眼睑会有不同程度的下垂，两眉也会相对聚集。心理学家表示，悲伤表情的综合面部动作会持续很长时间，如果不是发自行为人内心的真实感受，其面部表情必然呆板空洞，给人的感觉会比较牵强。与此同时，发自内心深处的悲伤也会伴有不同程度的流泪，即使泪腺停止泪液分泌，眼部仍然会发红发肿。此外，如果有眼泪流出，正常人的第一反应都是赶紧擦干，而不是一直挂在脸上。因此，悲伤的表情如果不是发自内心，也很容易被人发现。

惊讶的综合面部表情：嘴巴张大，眼睛睁大，眉毛上扬。事实上，惊讶的表情在面部停留的时间较短，如果行为人的脸上一直挂着惊讶的表情，那么他一定有问题，如果不是哗众取宠，就是想要将某人引入陷阱。

惊恐的综合面部表情：嘴巴张开，下巴向前凸出，眼睛睁大，眉毛聚拢，脖子伸直，身体轻微后倾。事实上，惊恐更多的是一种心理活动，伴随着心跳和呼吸的改变等等，而且一般情况下，人类的想象力会加剧恐惧程度。心理学家提醒，惊恐心理对人体的伤害，尤其是瞬间伤害非常严重，因此，在可预知的范围内，要尽量减少惊恐心理的产生。

愤怒的综合面部表情：下巴向前凸出，嘴巴大体呈方形，眼睛睁大，眉毛低垂。一个人愤怒的表情往往会给人留下深刻印象，但这同样是一种瞬间表情，因为真正愤怒的人在表情产生的同时也会伴有激烈的肢体动作。试想，如果行为人一直表现出一种愤怒的表情，但却没有其他任何动作，那该是一副什么样的场景。对此，心理学家提示人们，愤怒情绪的波动幅度较大，易暴易怒对身体健康非常不利。

反感的综合面部表情：嘴巴微张，鼻梁有褶皱，眼睑下垂，眉毛收紧。这种表情最容易被行为人掩饰，因为反感是比较轻微的心理活动，面部表情也不明显，而且行为人通常也不想因为这种轻微的心理反应而与对方发生不愉快。

对此，心理学家提示人们，行为人有针对性的抢话或者干脆一语不发，大多是反对和反感的潜意识所致。

轻蔑的综合面部表情：仰脸，斜嘴，眼睑下垂，眉毛上扬。这种表情通常比较明显，行为人大多数情况下是为了引起对方的注意，有时甚至是一种挑衅。心理学家提示，如果是对强势一方有轻蔑心理，行为人也会做出一定程度的掩饰，只是这种掩饰后的轻蔑表情仍然有迹可循，冷笑就是其中一个很明显的表情特征。

人类的面部表情虽然复杂多变，但却可以通过心理学的分析得出系统认识。然而，伪装的表情并不一定都是恶意。比如：面对濒死的亲人，尽管行为人内心无比痛楚，但为了安抚亲人，表面仍然要做出冷静的表情；面对上司的无端指责，尽管行为人心中愤愤不平，但还是要装出一副真心悔过的样子；面对孩子的错误选择，家长也可以编造一些谎言进行劝诫。当然在日常生活中，善于伪装表情的人不一定就存在性格或者心理上的缺陷。多数情况下，适当的伪装表情对于事态发展反而能够起到更好的效果。也就是说，伪装表情和虚情假意是完全不同的两个概念，不宜将二者混为一谈。

根据以往经验，不同的脸型特征也必然代表着不同的性格特点。为了进一步研究面部综合表情和心理活动的关联，心理学家同样对不同脸型进行了分析研究。

圆形脸。这类人性情温和，心态良好，能够很好地与人相处，他们总能随遇而安，在任何状态和环境中都能使自己和别人感到舒服。无论眼前面对的是好事还是坏事，好人还是坏人，这类人总能在有意或无意间将一切都转化为对自己有利的因素。在团队生活中，他们可能不是具有核心地位的领导者，但却能左右逢源，平衡好各方面的关系，因此，这类人是很受集体欢迎的。此外，这类人心地善良，感情细腻，但大多都比较理性，极少感情用事。

方形脸。这种脸型非常规整，棱角分明。这类人性格刚毅、果敢，抗压能力极强。做具体工作的时候，他们往往能够认真负责，并从一而终，根本不需要有人监督——如果行为人的性格过于强硬，有人监督反而会适得其反。从另一方面来讲，虽然这类人的执行能力毋庸置疑，但他们的灵活性有些欠缺，尤其是在面对亲情、友情和爱情的时候，这类人往往显得冷酷无情。综合来讲，只要不触碰他们的处事原则，这类人是绝对值得信赖的。

长形脸。这种脸型通常是那些身材比较瘦削的人，他们通常具有比较成熟的思维能力，而且善于思考，遇事不慌不乱，具有较强的心理素质和承受能力。

另外，这类人通常比较内向，自我意识很强，因此，他们的价值观念一旦出现偏差，其性格优势将一举成为负值，使之难以避免地走向歧途。

宽型脸。这类人通常比较淳厚，但语言表达能力欠佳，有时候看上去甚至有些木讷。不过他们对人诚恳，乐于助人，胸怀也比较宽广，因此他们都很招人喜欢或者受人尊敬。而另一方面，这类人比较安于现状，没有进取心，因此在事业上少有建树。

瓜子脸型。这类人性格以内向为主，好胜心较强，比较在意别人对自己的看法，很多时候对周边的人和事的反应都会过于敏感。所以，这类人不太容易融入集体生活，甚至有时候还会成为破坏集体团结的人。但他们通常心思缜密，创造力十足，思维中的感性成分要大于理性。因此，这类人往往能够在艺术和设计等创造性工作中实现自己的价值。

娃娃脸型。拥有这种脸型的人看上去稚气未脱，像个小孩子一样。他们往往性格率真，行为上与小孩子多有相似，比如情绪变化比较大，多以自我为中心，对于别人意见的采纳与否也完全按照自己的喜恶来评定。另外，这类人心地善良，喜怒哀乐全表现在脸上，如果能够了解他们的脾气秉性，会发现这是非常可爱的一类人群。

可以说，面孔是一个人心理活动的集中表现所在。如果把一个人比喻成一台计算机，那么无论其内部构造和运行多么复杂，最终都会一目了然地呈现在显示器上，而一个人的面部，无疑就是他的“显示器”。心理学家在对面部进行研究的过程中，不仅发现了很多奥秘，也据此开发出了一些有助于人们放松心情的方法。

可见，心理学家对于面部表情和心理活动的研究，已经上升到一种服务社会、造福人类的高度。

# 3

# 如何断定一个人的表情只是虚伪的欺骗

美国心理学家弥尔认为，一个人不但可以通过他的语言说谎，同样可以通过他的表情说谎。在日常生活中，人们经常会利用面部表情的变化作为道具，来掩饰或隐藏自己内心的真实感情。比如：当一名司机因违章被交通警察抓住时，为了避免把事情搞得更为糟糕，司机往往会故作笑脸，并且对交警表现得唯唯诺诺；夫妻两个人原本正在家中因为一些小事争吵，突然有邻居或客人来访，双方马上就会做出一副没事的样子，并热情地去招待来客。这其实都是一个人运用虚伪的表情进行欺骗的表现。

弥尔认为，面部表情往往具有社会性与生物性的双重性，它既包含了一个人情不自禁的表情，同时也包含了一个人故意控制的表情。当一个人生气的时候,无论他如何去伪装自己的表情,但有一点是无法伪装的,那就是他的嘴唇会变薄，而如果这个人没有涂口红，就他嘴唇上的红色部分会出现明显地减少，同时他的嘴唇是不会收缩或是压紧的；如果嘴唇在假装生气时变白变薄，则往往是有意压紧嘴唇造成的。

判断一个人是否出现内心的情绪波动时，还可以去观察他面颊的颜色。美国心理学家 B·F·斯金纳认为，人类面颊肤色的变化是由一个人的神经系统所控制的，是很难人为地去控制或掩饰的，而其中最为明显的是脸色变红或变白。面颊红色过多时，说明这个人产生了某种歉意、尴尬、害羞的心理；另外，当一个人愤怒时也会出现面色发红，只不过愤怒时的红是瞬间转为通红的，而不是由面颊中心慢慢向四周扩散出来的红。值得注意的是，如果一个人出现了这种情况，但又想在他人面前极力去掩饰和隐藏这种情绪的冲动，那么他的面颊肤色就会由红转为苍白；而当一个人的面颊肤色突然变白时，也有可能是出现了什么让他感到十分恐慌、惊骇的事情。通常，这种时候此人的背部或额头会伴有冷汗。

由于人的肤色不同，所以诚实者与说谎者在表情的变化上常常也会出现很多差异，或是表现得不够明显，尤其是那些精明的说谎者，他们更懂得如何巧言令色、伪装自我。但对于经常与犯罪嫌疑人周旋的 FBI 特工来说，当出现这种肤色变化不明显的情况时，还可以通过对这个人的某种表情持续的时间长短去捕捉他说谎的迹象。这其中包括表情的起始时间、停顿时间和消失时间。

心理学家弥尔通过实验表明，通常，停顿时间长的表情往往都是假的，因为除了那种极其强烈的心灵震撼——悲痛、大怒、狂喜等之外，一般一个人自然表现出来的表情大多都不会超过 4-5 秒钟，而即便是过于激动的情绪所流露出的表情通常也不会持续太久。所以，只有那些象征性的或是嘲弄性的表情，包括虚假的表情，才会是长时间存在的。至于表情变化时所花的起始时间和表情结束时所用的消失时间，通常都没有什么标准，但如果是真实情感的流露，起始时间和消失时间往往都会很短。因为一个人的脸部最为直观，所以很多说谎者都惯于借助面部表情的变化去实施他们的欺骗行为——绝大多数的观察者都会在与对方交谈的过程中去留意对方的表情变化，借以辨别对方语言上的真假。FBI 高级特工亚当斯表示，这其实是不够准确的。FBI 特工在审讯犯罪嫌疑人时，经常会遇到一些善于伪装表情企图掩盖真相的犯罪嫌疑人，这时候 FBI 的特工人员往往会通过犯罪嫌疑人的其他行为来甄别对方是不是在说谎。

在 FBI，克里斯蒂安·霍伯只是一名不足三年工作资质的特工人员，但对于识别说谎者来说他却有着自己不同于一般特工的能力——在加入 FBI 之前他学的恰好是心理学。2010 年，在美国佛蒙特州的圣奥尔本斯市，发生了一起让当地警方十分头痛的事情。其实，说起来事情并不大，也很简单。一名叫作哈里本的人从圣奥尔本斯市的一个小镇经过时不小心遗失了一枚硬币，等他回来寻找时那枚硬币却不见了。而据哈里本回忆说，他当时经过那片田地时，只有一个年轻男人坐在七八米外的地上吸着烟，所以几乎可以肯定：那枚硬币一定就是被这个人捡到了。负责这起案件的警员根据哈里本的描述找到了这名青年，他叫汤姆·费斯。汤姆·费斯承认，当时他的确是在田地里干活，但他并没有捡到什么硬币，也从来没有见过这名叫哈里本的人从那里经过。因为当时他感觉到有些累了，所以就坐在地上抽了一支雪茄。汤姆·费斯还说，他不仅没有见过哈里本这个人，他也没有见过任何人从那里经过。因为当时快中午了，很多人都回家吃饭去了。事情一时间就停在了这里，最后警方无奈，只好去向 FBI 求助。

小小的一件丢失案原本在 FBI 眼里算不得什么的，关键是这枚硬币的身份有些特殊。据一家被盗的博物馆负责人讲，硬币的确是他们博物院的被盗之物。虽然他们博物院里的东西很多，但这次被盗的却只是五枚硬币。而通过警方的调查及抓获哈里本后他交代，就是他进入博物院进行偷窃的，他也的确是偷走了那五枚硬币，但他只卖出去了四枚，其余一枚在路上丢失了。他是被人专门用高价雇佣来盗这几枚硬币的，对方说了，他只要这五枚硬币。后来，根据博物院负责人介绍，原来这五枚硬币并不是普通的硬币，而是三年前一位波兰考古专家在埃及法尤姆考古时发现的距今有一千多年的古埃及法蒂玛王朝初期的古埃及金币，有着巨大的考古研究价值，而据媒体公布，当时一共挖掘出十三枚金币，但没想到几年之后却在美国出现了五枚。

FBI 立即接手了这起案子，并派出了高级特工艾森伯格负责调查。这时从埃及最高文物委员会传来准确的消息。当年挖掘出的十三枚金币都完好无损地被放置在埃及博物馆内，工作人员也为此专门做过了鉴定，每一枚都是真的。那么，几年后的今天，在美国发现的这五枚相同的金币如果也是真的，那这些硬币就有了更为特殊的意义。消息进一步讲，这种金币直径约为 23 毫米，上面有阿拉伯文字："万物非主，唯有真主，穆罕默德是真主的使者"，并且还附上了相关的照片。艾森伯格收到消失后立刻将这些资料带到了那家私人博物院，经博物院负责人确定，他们馆内的那五枚硬币的确与法尤姆考古时发现的金币一模一样，但这五枚硬币是他们从一位波兰古董商那里花大价钱好不容易才买到的。

事情似乎变得越来越富有传奇色彩，但艾森伯格的任务却只是尽快地找到那枚失踪的金币，然后再利用窃贼哈里本与那位神秘买主进行交易并一举将其抓获，这件事情才能画上一个圆满的句号，至于其他的事情那就是考古学家们要考虑的了。经过详细调查，艾森伯格将目标对准了汤姆·费斯。经过几次询问，这家伙每次的回答都如出一辙，并没露出什么破绽。而通过对他讲话时的面部表情进行分析，虽然他的脸上也出现了些许的变化，但因为他的皮肤较黑，所以他的表情变化并不明显。

后来，艾森伯格又观察到当他提到金币上的文字时，汤姆·费斯眼里突然闪了一下，紧接着做出了一种漠然的表情，而且当再次询问他一些比较敏感的话题时，他的面部表情尽管没有多少变化，但可以让人明显感觉到他在回答问题时的语速变慢了，而且总会出现几秒钟的停顿。艾森伯格立刻明白了，这家伙在撒谎。随后他便做起了汤姆·费斯家人的工作，讲明了这枚金币的重要性，并且承诺只要汤姆·费斯主动交出金币就不再追究他的责任了。

在艾森伯格的努力下，汤姆·费斯最终交出了那枚金币，而且他还说，当时的确没有任何人从那里经过，所以他才会在捡到金币后一直矢口否认。

当案情没有丝毫进展时，FBI 特工艾森伯格通过对犯罪嫌疑人表情的细微变化的观察发现了对方的谎言，然后便沿着这个方向运用迂回的方式最终破解了这起案件。

# 4

# FBI 在下巴里发现的惊人秘密

在非语言行为的研究中，下巴也被 FBI 列为重要的部位，这是因为下巴在行为语言中能够透露出一些重要信息。经研究表明，当一个人的心情处于积极状态的时候，他的下巴就会处于一种自觉向外伸展的状态，鼻子也会随之向上抬高或微微跷起；而当一个人的自信心出现下降，或是当他感觉到灰心、失望、担心、紧张的时候，他的下巴就会出现朝里缩的情形，从而带动鼻子也随之出现向下低垂的动作。

在观察犯罪嫌疑人的非语言肢体行为时，FBI 的探员们历来都十分注重对人体下巴的观察，并能够及时判断出下巴出现异常变化时所对应的心理变化，从而突破一个个疑难案件。尤其是当犯罪嫌疑人的其他面部表现出来的特征不够明显，或出现某种程度的背离现象时，下巴这个经常被大多数人所忽略的五官部位就显得尤为重要了。

在 FBI 看来，从一个人下巴的不同形态中就可以窥视到他的性格。例如：尖下巴和胖下巴的人一般都属于性格外向的，这种人大多都喜欢争强好胜，容易骄傲，自身带有强烈的优越感，而且自尊心很强，经常会用一种带着否定意味的眼光或是充满敌意的目光去看待周围的人和事物；而圆下巴和方下巴的人大多做事都比较小心谨慎，思想保守，疑心病很重，这种人不会轻易去相信别人。FBI 在选择新成员时，首先就会从人的下巴去观察一个人的性格，而后再根据他自身存在的缺陷进行相关的特殊训练。

杰克·德拉威是 FBI 的一位高级特工，他对人体的下巴，有着更为深刻的理解与认识。他认为，很多时候不能过于单一地去根据人体下巴的形状或是下巴所处的形态就武断地做出对他心理上的评估，因为这样是不科学的，而且依此判断出的结果精准度不高。他认为，除了细致观察下巴在发生一些行为上的变化时鼻子随之出现的一些变化外，同时还要去注重对下颚的观察。而杰克·德拉威的这一观点，在美国心理学家艾伯特·班杜拉那里也得到了证实，他说，就人类或动物而言，下颚的功能是负责发声和咀嚼食物的器官，从外部形态看，男性的下颚和颧骨大多带有不同程度的棱角，所以这一点是无法伪装的。因为下巴与整个下颚又具有极强的联动性，所以在推测一个人的心理倾向时，一定要结合下颚的动作变化，这样才能够准确解读出一个人身体行为语言的真正意图。比如，当一个人内心充满了愤怒的时候，就会出现下巴收紧微微上跷得形态，而他的整个下颚就会出现比较明显的向前伸展的动作。经验丰富的杰克·德拉威认为，如果这种动作做得过于明显或有些夸张时，那么站在他面前的人就要小心了，因为此时这个人的心里已经愤怒到了极点，而他的这种动作正是在向对方透露挑衅性和即将攻击对方的信息。

心理学家艾伯特·班杜拉从心理学的角度，更为准确地阐明了 FBI

特工的认知。他说，突出下巴和整个下颧的动作，其实是一个人自我主张的突出表现。换言之，当一个人无法再控制自己内心的情绪时，他必须要寻找一种方式来进行情绪的释放。这是种心理到行为发生转变的阶段，对于一向重视犯罪心理学和人体非语言的肢体行为学的 FBI 来说，艾伯特·班杜拉的观点有着不容忽视的意义。

杰克·德拉威就曾遇到过一个商业间谍，这个间谍十分狡猾，虽然当时 FBI 已经掌握了他从事间谍活动的部分证据，但是杰克·德拉威一连审讯了五天，他都矢口否认一切，直到 FBI 拿出了相关的证据，这个间谍才点了点头。但在随后的交代过程中依然并不顺利，他只是草草地按照证据上所显示的内容做了一次复述而已，其他的却咬紧牙关一概不谈，并且对于证据，只要不是他亲眼所见到的，也全都矢口否认。通过对这个间谍面部特征的观察，杰克·德拉威发现，这个人虽然下巴处留着浓密的胡须，但很明显下巴甚至是整个下颧都圆圆胖胖的，而杰克也已经对他做过多次的观察了，最后确认这是一个性格内向、高傲自大的家伙，杰克·德拉威决定换一种审讯的思路。可正在他为新的审讯方式而绞尽脑汁的时候，意想不到的事情发生了——观察审讯的监控录像时，杰克·德拉威忽然发现了一个奇怪的现象：在审讯过程中，这个间谍经常会出现鼻子向下微微低垂的动作，而且每当这种情况出现的时候，他就会停止说话，然后下意识地伸出一只手摸一摸他的胡须。这一发现令杰克·德拉威十分惊讶，他随即对画面进行锁定和放大观察，“真相”终于浮现了出来。

随后，FBI 对所有被关押的犯罪嫌疑人进行了一次个人卫生检查，在杰克·德拉威的特意交代下，医生以影响健康为由强制为这个间谍剃去了胡须。胡须剃去之后，这个人的下巴就完全清晰地显露了出来，而在随后的审讯中，每当这个间谍再次出现鼻子向下微微低垂的动作时，杰克·德拉威发现，他的手再次摸完下巴后，反而下巴向下缩得更厉害了。在这种状态下，杰克·德拉威加大了心理攻势，从而致使他交代出了此次在美国的全部任务和自己从事的所有间谍活动。

经验丰富的杰克·德拉威经历的是一起典型的伪装后的视觉错误案例，但杰克·德拉威最终发现了自己的失误并很快纠正了。那位商业间谍本是一个极度不自信的人，但他通过留胡须的方式弥补了自己这方面的缺陷，所以每当他出现不自信的情况时，都会不自然地摸摸胡须，借此来提升自我的信心，从而躲过了一次又一次的失败。但当他的胡须被剔掉后，他很快便原形毕露了，而当他再次感觉不适往里紧缩下巴的时候，经验老到的杰克……德拉威抓住时机继续给他施加压力，从而攻破了他的心理防线，使他交代了自己的情况。

# 第四章　肢体反应：

## FBI 告诉你肢体动作中的无声语言

# 1

# 不同手形代表的不同性格

手是人体中最重要的一个组成部分，虽然每个人都有一双手，但是十根手指的粗细长短以及手掌的厚薄宽窄都各有不同。在 FBI 一直致力于身体语言研究工作的布朗·斯佩克指出，不同的手形分别代表着各不相同的含义，以下就是斯佩克对各种手形总结出来的不同的意义：

（1）魅力之手。

手指修长、手掌柔软的手通常都被视为最有魅力的手，而这样的手似乎就是上帝的最美杰作。由于它和主人的气质是一致的，因此，它的主人也可以说是上帝手中最美的杰作之一。拥有这种手指和手掌的人，或许没有值得炫耀的金钱和权势，但他们通常都具有优雅高贵的气质，同时也具有不屈不挠的精神。

这类人往往对情感和家庭十分投入，当然，这并不意味着他们对情感就忠贞不渝。他们往往是带着情绪投入到情感和家庭中的，甚至是带着幻想投入进去的，就像对传说中的经典爱情顶礼膜拜一样。但是，当他们的情绪受到干扰，或者这种幻想破灭时，他们往往会变得像另外一个人，让人感觉相当陌生。所以说，这类人是相当情绪化的，而和这类人交往时，一定要注意不要惹怒了他们，否则连他们自己也想象不出自己会做出什么样的举动来。需要提醒的是，这类人通常都很喜欢他们的手，因此，和这类人交往时，尤其是当你有求于这类人的时候，不妨先赞美下一他们的手。

（2）肥胖之手。

胖乎乎的手虽然看上去不太雅观，但却总是让人不由自主地喜欢。因为肥胖厚实的手总是给人一种可爱、诚实、值得信赖的感觉。当然，它的主人也不会因为拥有了这样肥胖的手而自卑，相反，他们也会陶醉在这种值得别人信赖的感觉中，因为这能给他们带来诸多好运。

这类人没有什么特殊的嗜好，他们内心的欲望也不是很强烈，而且还有一种怀旧心理。也就是说，他们总是喜欢那些传统性的事物，比如古典音乐，早期的爵士音乐，而对现在的热门流行劲歌却充满了排斥。不过，这并不是因为他们不喜爱新生的事物，而是因为他们更为怀旧，同时对一些时下流行的也是多数人喜欢的东西并不是很看重。斯佩克认为，从这一点上看，这类人不喜于甚至决绝于变革。虽然这类人一直认为他们是能成大器的人，并且野心也很大，然而，在许多时候，他们总是忽视了自己保守的一面，而这就注定了他们在面对新的事物和一些变化之时，缺乏冒险精神，因此，他们在事业上总是显得有些不尽如人意，而且他们所期待的结果也往往是事与愿违的。

（3）玉器般的手。

玉器般质地的手，是令人陶醉的，而它的美丽动人，也是让人无法拒绝的。可以想象，当你遇见这样的一双手时，也会被它的美丽所打动，被它妙不可言的感觉所折服，甚至会感叹，世界上怎么会有如此美妙的双手。它的形态和质地都是无懈可击的，有着玉器般完美无缺的质感，而这样的手似乎天生就不需要过多华丽的首饰，因为它本身就代表着高贵、华丽。

但是，这类人有一个显著的心理，即完美心理。可是，他们的这种完美心理却是一种缺点，因为他们过于追求完美，事事都要求绝对完美，就如同他们那一双玉器般的手一样。而当某个人或某件事达不到他们对于完美的过度追求时，他们便会大发雷霆，表现得一点涵养也没有。如果是女性，这种举动还会一改其那双玉器般的手带给人们的窈窕淑女的印象。这类人不会随便与人交朋友，对于追求他们的人，他们首先给出的条件就是要“绝对完美”，否则，他们便不会和对方交往。因而，在和这类人交往的时候，就要尽可能地使自己表现得完美一些。

（4）“强盗”之手。

“强盗”之手是指那种瘦削而细长、好动且灵活的双手。这种手通常都较为灵敏、机警，而且攻击性极强。有着一双“强盗”之手的人，一般都很阴险、狡诈，就像真的强盗一样，从来不打算让自己露出真实面目。他们不仅善于伪装自己，还有一整套伪装的经验。因为他们不想或者害怕别人看穿他们的内心，所以他们总是想方设法地把自己装扮起来，使自己看上去不那么阴险和狡诈，而且还会尽量把自己伪装得具有某种良好的形象和高尚的气质，从而掩饰一些他们认为不够理想甚至见不得光的事情。但是，由于手指非常瘦削，容易给人一种刻薄尖酸的形象，而又不能像面部一样去做整形手术，所以，他们就经常利用一些装饰物来修饰他们的指形。

这类人对金钱相当重视，并对金钱赋予了极其重要的功能，而从这一点上来看，他们属于势利眼类型的人，并且喜欢揣测他人的心思，以便于他们投机钻营，从而得到上级的不断提升或者在金钱上获利。由于他们对金钱和财富有着本能的欲望，因此他们也时常揣摩他人的财富，同时也有着“仇贫”的心理。但是，这种人不“吝啬”，因为相较吝啬而言，他们更加要面子，因此，当朋友向他提出借钱的请求后，他们一般都会出手相“助”，不过，他们也会拿自己的慷慨解囊而大肆宣扬。因此，当你在和这类人交往时，一定要抓住他们的这种心理特征，当然，这并不是说抓住这种特征然后向他们借钱，而是通过他们这种极爱面子的心理，在和他们交往的过程中，充分洞察出他们内心的真实想法和意图来。

# 2

# 不要被冻结的手臂蒙蔽双眼

在观察肢体行为语言的时候，手臂很容易被大多数人忽略掉。但在FBI的训练营中，手臂却被列为一个单独科目。大量的实践和研究表明，手臂和脚一样，是人类天生的生活工具，它所透露出来的内心活动绝大多数都是真实可靠的。

美国心理学家高尔顿 · 威拉德 · 奥尔波特教授通过他的研究发现，当一个人的情绪处于一种发自内心的高兴或兴奋状态时，他的手臂所做出的一些动作是不受重力束缚的，其所表现出来的情形是：动作有力，舒展自如。相反，一个情绪低落或是心里缺少安全感的人，他的手臂所表现出来的动作一定是显得有些僵硬的，甚至是被自己的意识所冻结了的。而这些都是人类边缘大脑的第一反应所致，所以它所传递出的信息是最为真实可靠的。

FBI 探员更为注重收回手臂和冻结手臂等肢体行为语言所透露出来的信息，也就是高尔顿·威拉德·奥尔波特教授所说的情绪低落者的表现。这是因为，FBI 认为，当一个人的情绪处于低落或是不稳定阶段的时候，他所做出的各种肢体行为语言只受命于他的潜意识，也就是说，其肢体所表现出的行为能最直接地反映出他当时的心理状态。由于此时他的思想是完全落后于他所表现出来的行为的，这就为 FBI 的探员们打开了破案的缺口。不过，虽然冻结手臂所透露出来的是一种低落和缺少安全感的情绪，但它所彰显出来的却并不一定会是弱势。

几年前，在美国内布拉斯加州的一个小镇上，发生了一起曾经在当地轰动一时的凶杀案。当 FBI 的探员赶到凶案现场时，他们也被眼前的场景震惊了：一个年纪不到四十岁的女人惨死在自家的浴池里，而她头顶的水龙头依然哗哗地流着水。见此状况，FBI 的探员马上关闭了水龙头，然而地上的血迹已经很少，所以经过化验，也没有找到凶手留下的任何证据。但女人的死状十分悲惨，身中十几刀，而致命的正是刀伤（流血致死）。从女人的死状分析，FBI 得出一个结论：凶手行凶的手段如此残忍，死者一定是死于仇杀。

随后，FBI 的探员围绕着死者的社会关系展开了一系列的调查。死者名叫索菲亚，六年前其丈夫死于一场交通意外，留下索菲亚带着两个女儿一起生活。大女儿刚刚过了十六岁的生日，而小女儿仅仅十二岁。

索菲亚的社会关系有些复杂（她生前是一家保险公司的业务员，接触的人较多），据她公司里的人讲，索菲亚的性格虽然很活泼，善于与人交往，但其在公司的业绩平平。很快，FBI 的探员们就对索菲亚庞杂的社会关系展开了进一步调查，而且 FBI 探员还对她的两个女儿进行了询问，期望能从她们口中获得一些重要的破案信息。

死者死于家中，报案的是索菲亚的大女儿，但谈起母亲的社会交往，大女儿却知之甚少。FBI 的探员们又找到了索菲亚的小女儿（见到这个小女孩时，FBI 女探员发现小女孩的双臂上有多处伤痕）。索菲亚的小女儿只有十二岁，很少说话，FBI 派了一位女探员和她沟通，试图打开她的心窗，可最后也仅仅得到了小女儿不足三句的回答，直到后来这位女探员才从侧面了解到，这个十二岁的小女孩原来是一位残障儿童。在这种情况下，FBI 女探员认定她的双臂受伤是由于她缺乏协调能力所致，而她的母亲索菲亚被害时，她正好在赶往游泳馆的路上。

女探员被索菲亚的小女儿的经历震撼了。随着调查的继续深入，FBI 的女探员在游泳馆里发现了一个奇怪现象——在姐姐或 FBI 探员面前，这个小女孩的手臂动作极少；但在游泳馆里，她的双臂伸展自如，就像一个美丽的小天使。而奇怪的是在小女孩的臂弯里却有多处的瘀青。在接下来的深入调查中，这位 FBI 女探员内心的想法得到了索菲亚邻居们的认证：小女孩经常会受到母亲索菲亚的打骂。起初的几年，邻居们还能够听到小女孩哭泣反抗的声音，但后来他们却只能听到索菲亚那尖刺的叫骂声了。

至此，FBI 的女探员瞬间明白了一切。她找来医生为小女孩的胳膊做了全面检查，当医生将为小女孩治疗完时，小女孩躺在病床上终于开口了——她向 FBI 的女探员说出了事情的详细经过。

索菲亚果然是被眼前这个看似柔弱的小女孩杀死的——那天索菲亚因为一桩保险单没签成，喝了很多的酒，一回到家便对着正要去游泳馆的小女儿发作起来，而且借着酒劲在小女儿的胳膊上戳打了将近半个小时，然后便走进了洗澡间。小女儿忍不住疼痛，她拿起了放在茶几上的水果刀，发疯似的冲进了洗澡间。

其实，在这位 FBI 女探员第一次发现这个小女孩的手臂出现冻结现象时，她就发现了这个小女孩极为不正常的心理。但一来考虑到小女孩仅仅十二岁，二来索菲亚毕竟是她的亲生母亲，加之在长期倍受家庭虐待的条件下，小女孩的肢体行为已经麻木到了只要一见到陌生的人便会冻结的地步（但这种冻结已经远远超过了普通意义上的肢体行为冻结），而她善良纯真的柔弱表面又恰到好处地掩藏住了内心的那股愤怒之火，所以 FBI 一开始并未怀疑小女孩就是杀人凶手。

案件最终虽然破获了，但这位 FBI 女探员的内心却是沉重的。后来被邀请对 FBI 新探员培训时，这位联邦女探员对 FBI 新人说："在肢体行为语言的观察中，虽然冻结手臂所透露出来的是一种低落和缺少安全感的情绪，但它所彰显出来的却并不一定会是弱势。所以，无论摆在我们面前的是如何复杂的一个案件，一切都要遵从肢体行为语言的指示和引导。"

# 3

## 远离人类大脑的脚步声

在交际场合，人们往往是通过面部表情来看透别人的内心。诚然，这种方法是有一定效果的，不过还有一种行为方式是人们难以伪装的，同时也是辨别人心的最佳关注点，那就是脚步声。世界上没有两片相同的叶子，同样也没有相同的脚步声，正是这些不同的脚步声为我们敲开了不同的内心世界。

美国著名女演员朱莉亚·罗伯茨不仅事业成功，而且还是一个好妈妈，她对自己的三个子女钟爱有加。在她产下龙凤胎以后曾经有记者问她初为人母时的感觉，对此她这样描述道："他们还躺在摇篮里的时候就能分辨出我的脚步声，每当我靠近他们的时候，他们就会停止哭泣仔细地寻找脚步声的来源，这真是太神奇了！"通过茱莉亚的描述我们能够看到，即使是一个婴儿也能分辨出不同人的脚步声，可见人的脚步声往往具有很鲜明的特征。

据此，英国心理学家莫里斯研究发现，人体中越是远离大脑的部位，其透露出的信息的可信度越大。脸距离大脑最近，但也是最不诚实的。

人们在交往过程中，更多的会去注意别人的面部表情，试图从中寻找谎言的影子，同时人们为了掩盖谎言，也总是努力地在自己的面部表情上大做文章，而忽略了距离大脑最远的脚，于是这个被忽略的脚便肆无忌惮地“说起真话来”。

在人际交往中，听听别人脚步的声音往往比看看他们的脸更容易看清楚这个人的内心世界。如果是认识的人，通过脚步声我们不但能够马上分辨出这个人是谁，还能够预测到他此时此刻的心情或情绪状态；如果是一个不认识的人，通过他的脚步声我们也能够预测出这个人的性格特征，以及他此刻的情绪状态。

脚步声是如此诚实，以致有人形容它如舞场上的旋律一样，是专门用来为人的情绪打拍子的。

生活中，那些走路风风火火，发出急促的很大的啪啪声的人，一定性格急躁，做事果断，而且对生活和工作的态度比较积极，渴望快速成功。这种人的弱点是不够认真，急于求成，做事欠考虑。他们希望朋友能带给他们更多事业上的帮助，并相互促进，保持一段长久的友谊。

走路不急不缓地发出很大的啪啪声的人，一般行事稳健，思维比较缜密，但却不够敏捷。这类人往往能够顾全大局，看准一个目标后勇往直前，不会被旁人所左右，属于成大事者。而他们的弱点是偏于固执，缺乏适时而变的灵活性。

与这样的人交往，应该看到他们诚实稳重的一面，也应该看到他们强烈的权力欲和控制欲。

而那种听起来很乱且急促的脚步声，则反映出此人一定遇到了什么需要紧急处理的麻烦事儿，而且这件事情给他的情绪带来了很大的困扰，令他有些不知所措。如果一个人的脚步很沉重且频率较低，但声音很大，那就证明这个人刚刚处理完了一件紧急或重大的事情，现在他放松了紧张的情绪，蕴藏在身体深处的疲惫感喷薄而出，他需要马上休息。同时，他也在用很大的脚步声引起别人对他的注意，希望能得到别人的重视；这种脚步声的另一种信号是，这个人遇到了没有办法解决的很重要的事情，他的情绪降到了冰点，并希望别人能够给予一定的帮助。

以上分析了发出很大声音且沉重的脚步声的不同情况下反映出的人的不同性格和心理状态，下面让我们再来看看那些脚步很轻的人是一种什么样的性格特征和心理状态。

走起路来脚步声音很轻，但是频率快的人属于急性子，且办事效率很高，他们一般心思比较缜密，办事有章法，能够委婉地处理事情，并且很注重自己的仪容仪表。这种人的弱点是不够真诚，有心机。

走起路来脚步轻且缓慢的人，性格上比较懦弱，缺乏应有的自信心和积极性，没有明确的目标，甚至还会有比较猥琐的特征和表现。当然，有些特殊情况是不包含在内的，例如人们为了保持安静而故意将脚步放缓使声音降低，这时候只能说明这个人很小心翼翼。所以说，我们要根据具体的环境和具体的情况来分析每个人的脚步声，不能一概而论。

在社交中我们还会遇到这样一种人，他们走路声音很轻，但是听起来没有节奏感，很散乱，这样的人一般不善于交际，若是有心事或是遇到了什么麻烦，也不愿意让别人知道或看出来，只是一个人默默地承受。而且这样的人一般很有耐心，但是因为不愿意和人交往，所以朋友不是很多，然而他们一旦认定了某个人做朋友就会很认真地对待。

鉴于脚步传递出的真实的内心世界，人们将它称为“脚语”。也就是说，走路的声音包括它的姿势，无时无刻不在向人们传递着令人信服的信息。所以在人际交往中，既要注意到别人的面部表情的细微变化，也不能忽视他们脚底的声音，特别是在面部变化中不能够发现些什么的时候，我们千万不要忘记还有一个最真诚的身体部位在那里还原着一些真相。

# 4

# 脚部姿势和动作如何体现个性特征

FBI 的身体语言专家们指出了人们在生活中的一种普遍现象，即人们在日常交往中总是会先注意到别人的上半身。其实，这既是一种视觉习惯，也是对别人的一种尊重。但是，这也使得人们很少关注对方其他部位的变化，尤其是处于神经末梢的脚部的变化。而 FBI 却认为，脚部的变化其实是相当重要的，因为它一直被 FBI 探员们当作破案的重要线索来分析和研究。FBI 身体语言专家乔・纳瓦罗一针见血地指出："正是由于人的脚部很少受到人们的关注，所以人们对脚部姿势和动作通常都很不在意，而越是不在意的东西，反映出的情况就越真实，所以，观察别人的脚部姿势和动作能够获得很多有价值的信息。"

纳瓦罗和 FBI 的资深心理专家罗伯特・K・雷勒斯曾经联合做过这样一个实验：他们将两个疑犯分别带到不同的环境中，然后问了他们相同的问题——你是凶手吗？回答"不是"的人将获得 2000 美元。很明显，这是一个一开始就具有诱导性的问题。纳瓦罗负责询问的那个疑犯的答案是"不是"，同时，这名疑犯在接受纳瓦罗的询问时表现得很镇定，回答问题也很干脆利落，同时也没有什么小动作，更为重要的是，他的脚一直保持着同一个姿势，没有什么变化；被雷勒斯询问的那个疑犯的答案也是“不是”，但是这名疑犯自从一进到问询室，就做出了诸多的小动作，而他的脚部也在短短的问话时间内变换了好几种姿势，并且他的双脚还不停地抖动，而这让雷勒斯觉察出了他内心的不安和恐惧。

于是，雷勒斯认定这名疑犯在说谎，并且他极有可能就是凶手。但是这个疑犯百般狡辩，并反问雷勒斯：“你怎么就认定我是杀人凶手呢？”雷勒斯对他说：“你不觉得你不停地变换脚部姿势和动作，正说明了你内心严重的不安与心虚吗？如果你的内心非常平静，那么你的脚部姿势也应该和你的内心保持一致，而不是来回变换姿势和不停抖动。一个内心无愧的人会这样慌乱吗？”

由此可见，一个人的脚部姿势和动作所反映出来的信息是极具参考价值的——它们往往能够折射出一个人的内心世界。雷勒斯指出，尤其是一些习惯性的脚部姿势和动作最能够反映出人的真实的想法和内心世界，因为习惯性动作往往都是不经思考和伪装，在无意识状态下所形成的，而这样反映出的东西才更加真实可靠。因此，FBI 联邦调查局的探员以及心理专家、行为专家们经过长期以来的经验和研究，总结出了人的习惯性的脚部姿势和动作所反映出来的性格特征和心理世界：

（1）习惯于以外八字姿势站立的人。

雷勒斯在 FBI 联邦调查局内可以说是心理方面的权威专家，他认为，那些习惯于用外八字姿势站立的人通常都是有一定社会地位的人，他们有可能是企业创始者，或者是机构管理人员，而这个姿势总是出现在他们与下属谈话的时候。

值得提醒的是，这类人都相当有城府，且说话总喜欢用命令式的口吻。通常来讲，这类人男性所占的比例较大，因为男人都较为强势，在显示自己的自信以及气场之时，他们总是会不由自主地摆出这种站立姿势。

（2）习惯于一只脚在前、一只脚在后姿势站立的人。

FBI 语言教授梅森认为，那些惯于一只脚在前、一只脚在后姿势站立的人，他们的内心往往都非常缺乏安全感，因此采取这种类似于“戒备”的方式来缓解自己内心的紧张。一般来讲，这类人都是一些性格内向且不喜与人交往的人，他们很少对别人说出心中的真实想法，因为在他们的内心深处对其他人有着强烈的戒备心，即便是对亲人也不例外。

梅森教授还进一步指出，这类人之所以会形成这种性格和心理，主要与他们在童年时期的成长环境有关，比如非常不好的童年环境便会造成这种极其没有安全感的心理。所以，在和这类人交往的时候，你的站姿应该让他们感觉在空间上占有很大的优势，从而增强他们内心的安全感。

（3）双脚喜欢来回抖动的人。

FBI 身体语言行为专家纳瓦罗认为，双脚喜欢来回抖动的人，其内心都较为浮躁，做事欠缺稳重和思考，而且这类人还比较孩子气，没有什么城府。当这类人收获成功时，往往会情不自禁地抖动双脚，一副唯恐天下不知的样子。在别人眼里，他们的这种动作似乎是为了表现自己，实际上，他们就像长不大的孩子，总习惯用抖动双脚来表现自己的快乐。

此外，当一个人的内心处于极度不安和恐惧的情况下时也会出现双脚抖动的情形，就像上述雷勒斯所询问的那个疑犯那样。不过，这种双脚抖动要比内心喜悦时的双脚抖动剧烈一些，同时还会伴随着颤抖。

（4）落座时习惯将手放在膝盖上，且把身体的重心放在另一只脚上的人。

美国认知心理学家、实验心理学家本罗德·本特认为，落座时，习惯将手放在膝盖上且把身体的重心用另一只脚来支撑的人通常都很强势，且言行举止都相当果断。他们的这种习惯性姿势其实传递出了一种“我已经准备好了”“可以谈谈你的意见了”的强势信号。这类人在做事时也非常讲求效率，不会浪费自己的时间，同时也很尊重别人的时间，所以他们给人的第一印象就是行为果断，绝不拖泥带水。当他们做出将手放在膝盖上，且将身体的重心放在另一只脚上的姿势时，就表示他们已经不愿意再和对方谈下去了，他们的这种姿势其实就是一种习惯性的信号，即他们马上要起身离开了。

在现实生活中，经常能够看到这样一种现象：那些非常强势的领导以及管理者们在与他人谈话的时候，往往出现了将手放在膝盖上，并把身体的重心放在另一只脚上的动作后，下一个动作就是站起身与对方告别。所以，当你在与对方交谈，并发现对方做出了这样的动作后，应当做好充足的心理准备，尤其是在重要的谈判中，因为对方做出这一动作后很可能不会再和你继续交谈下去了。

# 5

## 抖腿所暗示的心理变化

几乎所有人都做过抖腿的动作，在不知不觉中，双腿就开始像打节拍似地抖动起来，很多人都乐在其中无法自拔。一种说法认为，由于人们工作的原因，常常久坐，可能产生“气血不畅”“下肢酸胀”的情况，而抖腿也算是一种运动，正好可以舒缓这种状况。

另外，医学上还有一种疾病叫作“不宁腿综合征”，症状就是不能控制地抖腿，和日常生活中的抖腿很类似。产生这种疾病的原因主要是与缺乏铁元素和多巴胺代谢功能异常有关，可能还有一定的遗传因素。“不宁腿综合征”与日常抖腿的区别在于，这种症状不可抑制抖腿动作，抖腿时常伴有疼痛等不适的感觉，腿部可能还会出现痉挛现象等，而且这种疾病常发作在夜里。

当然，抖腿在很多情况下有一定的心理因素。当人们实现或者将要实现自己所期盼的愿望时，常常会不自觉地抖动双腿。抖腿的行为可以缓解人们紧张、焦躁的情绪，在无聊的时候，人们也会不自觉地抖腿，这是一种无意识的动作。

FBI 认为，抖腿的动作并不表明一个人是否有欺骗行为。大多时候，FBI 研究腿部抖动的重点是观察这些行为的起点和变化点。比如，在 FBI 的一次审问中，被审讯者玛丽丝不停地抖着自己的双腿，双手也在不停地摩挲着。当 FBI 探员马修问到一些关于财政以及她丈夫的投资问题时，玛丽丝的脚突然从“抖”转换为“踢”。动作就发生在提到这个问题的一瞬间，当然这并不表明她在说谎，只能说明她对马修提问的这个问题有点反感或者她丈夫的投资存在某些问题。

FBI 认为，当一个人的腿部动作由左右摇晃换成上下踢动时，说明他肯定发现了消极的或者其他不愉快的事情。这种行为是腿部的一种无意识行为，很多人不会意识到自己的身体变化。

FBI 探员乔·纳瓦罗曾经审讯过一名女士，她被怀疑是一桩重大谋杀案的目击者。在审讯过程中，这名女士一口咬定自己根本不了解关于此案的任何信息，几个小时下来，乔·纳瓦罗没有从对方口中得到任何有用的信息。但是，乔·纳瓦罗注意到她的腿部一直在抖动，这是一种常态，当乔·纳瓦罗问到“你认识克莱德吗”时，她的腿部动作发生了变化，这成为一条很重要的线索，表示这个名字肯定对她有一定的影响。终于，在 FBI 的不断审讯中，这名女士承认这个叫克莱德的人曾经让她卷入一场偷盗案中。可以说，腿部的抖动变化让她惹上了 25 年的牢狱之灾。

腿部抖动的动作在其他场合也很常见。比如在赌场中，当一个人摸到一手好牌时，心里异常兴奋，但是为了避免让对方发现自己的牌底，尽量抑制自己兴奋的面部表情，而他却往往忽略了自己的腿部动作。如果你发现有人在不停地抖腿时，最好不要再往外掏钱了，否则你就要有更多的钱打水漂了。

在面试中，考官们也经常从腿部的动作中捕捉应聘者的内心想法。卢卡是一家公司的人事经理，有一次他在招聘一批需要在国外工作的人员时，就从面试者的腿中，捕捉到了很多信息。卢卡发现，当对方做出肯定的回答时,腿部在不停地抖动;当他问到对方是否愿意到国外工作时，对方的腿马上静止了。于是，卢卡立马揣测到对方肯定不想去，果然对方说更愿意留在国内。

在解读对方的腿部抖动时，必须结合当时的环境，才能把握这种行为所表达的确切信息。如果一个不停抖动腿脚的人突然停了下来，那么这时就需要注意了。因为这通常表示此人正处于紧张的情绪之中，或者是受到了一定程度的刺激。就在他变化动作的那一瞬间，肯定有某些人提到的事情刺激了他，可能这些事情中包含着与他有关的秘密，或者是他认为对自己有害的信息。所以说，腿部抖动的变化，通常表示一个人正在面临突如其来的事情，而这让他有些不知所措。

# 6

# 注意腿部姿势变化所传递的信号

FBI 表示，双腿交叉最能反映出人们与他人在交往时的态度。在交往中，人若感到不舒服就会做出不自然的姿势，而当人们自信时，就会做出开放性或者让人看上去就很舒适的姿势。以下简单介绍人们腿脚互相交叉的几种常见姿势。

（1）二郎腿姿势。

生活中很常见的一种交叉腿姿势就是跷着二郎腿，不管是哪条腿放在上面，都显得很自然。FBI 认为，这是一种自信的表现，这类人交际能力较强，与他人相处融洽。如果一个人跷着二郎腿，同时还用一条腿勾着另一条腿，这表明此人性格矜持，为人谨慎，自信心不是很强，做事有点优柔寡断。这类人往往给人一种难以捉摸的印象，但是由于他们具有一定的吸引力，所以也比较受人喜爱。

（2）双腿交叉或锁住脚踝的姿势。

当人们坐下时，多数人都会将双腿交叉或者锁住脚踝，尤其是女性更习惯将双腿锁住或交叉。交叉双腿往往具有一定的防御意味。而且，男性和女性在做这个姿势时，有一定的差别。男性双腿交叉时，往往只是锁住脚踝，通常还会将双手放在膝盖上或者放在座椅的扶手上；女性则会将两个膝盖相靠，两脚分开，两手并排放在手上或者两手叠加放在手上。很多研究表明，当人们极力抑制自己的紧张、恐惧情绪时，往往就会做出这种双腿交叉或锁住脚踝的姿势。比如在法庭上，那些涉案的人员几乎都坐在自己的座位上，将双腿交叉，双脚相别。FBI 在审讯过程中，也常常发现被审讯人员为了缓解自己的心理压力，会将脚踝紧紧靠在一起，这显而易见地表示了他们恐慌的心理。另外，在面试的时候，很多应聘者都会将脚踝紧紧地锁在一起，这个姿势表露了应聘者的心理——此时他们正努力抑制自己的紧张情绪。锁住脚踝的行为除了表示人们内心正承受压力以外，有时也体现了一种犹豫不决的态度。比如，在谈判过程中，有经验的谈判专家在发现对方做出脚踝交叉的姿势后，心中不禁会暗喜，因为这个姿势往往表示对方可能会做出让步，而此刻心里正摇摆不定。这时，有经验的谈判者就会立即向对方提出试探性的问题，并采取一切可能的措施来促使对方尽快做出让步。

（3）“4”字腿姿势。

这种交叉腿的姿势就是人们坐在椅子上，一条腿很规矩地放在另一条腿上，摆出一个“4”字的形状，这是一种掌控性的姿势，通常为男性所用，因为这个动作更能显示雄性气魄，让男人显得更具有男子汉气息。“4”字腿姿势还反映出一种争胜的态度，这种姿势往往表现了想要竞争的态度。研究表明，在灵长类动物中，比如猩猩和猴子，它们使用这个姿势站立，通常是为了避免在攻击中受到伤害。那些采用这种姿势坐下的男性，通常给人一种桀骜不驯的感觉。大多数美国人喜欢采用这种坐姿，这也是美国人给人留下骄傲自大的印象的原因之一。据说“二战”期间，德国纳粹党常常凭借这个姿势来搜捕美国间谍。有时，穿裤装的美国女性也经常采用这种姿势，不过她们通常只在同性面前才做这个姿势，因为她们不想让自己给男性留下过于男性化的印象或者很轻浮的感觉。在亚洲的很多国家，这种姿势被认为是不尊重对方的表现，因为这种姿势会将鞋底露出来，给人一种很不愉快的感觉。当有人做这个姿势，而且还用手抱着跷起的那条腿，说明此人很有主见，不会轻易受到别人的影响。如果你的谈判对象做出这个姿势，恐怕你很难说服对方了。另外，还有人双手抱着后脑勺，摆着这个姿势，身体向后倾斜，这种姿势与叉腰的姿势有异曲同工之妙，给人一种冷漠、自信的感觉。通常，上司在下属面前喜欢摆出这种姿势，以显示自己的优越性。在人们工作疲倦的时候也会做出这种姿势，比如在电脑前为了缓解僵持的坐姿，往往就会用这个姿势放松自己的身体。

此外，在生活中，我们也会发现这样一种场景：一个人靠在墙上，一只脚自然地放在另一只脚上，交叉起来。做这种姿势的人一般以欧洲人居多，而且其中三分之二的人喜欢将左脚放在右脚上。这是一种防御性的动作，通常表达的是拒绝。如果几个人在谈话时，其中有人将双腿交叉，很有可能表示他很不情愿加入谈话之中。FBI指出，在商业谈判中，将双腿交叉的人往往比那些张开双腿的人更容易拒绝对方的条件，而且他们往往在交谈中，言辞简单，对于正在交流的话题也不感兴趣。

# 第五章　习惯反应：

## FBI 教你挖掘生活习惯背后的思维定式

# 1

# 不可忽视的喝茶习惯

喝茶是一种休闲活动，这种看似平常的行为往往蕴含着深刻的心理要素和秘密。一个人的喝茶习惯往往能够反映出一个人的心理秘密以及变化，当然也包括对方的性格特征。法国心理学家德贝斯·莫里斯曾经说过：“人的内心都是有破绽的，喝茶便是一种暴露内心的行为。”

每个人都有喝茶的习惯，有的人习惯喝花茶，有的人习惯喝绿茶；有的人习惯在喝茶的时候吃点心，有的人习惯在喝茶时高声谈论，有的人则习惯安静地品茶等等。这些习惯其实都是对方内心特征的不同表现形式，只要细心观察，就能够发现这些习惯所代表的不同的心理特征。

英国心理学家赫恩肖·莱斯利·斯潘塞曾经做过这样一个实验来向人们指出习惯喝不同茶的人的内心特点：一行 4 人来到一家茶吧，这 4 个人分别点了不同的茶，很明显这 4 个人喝的茶是不一样的，由此，这 4 个人的性格及内心特征也就会有所差别。

首先是点绿茶的人，可能是他觉得绿茶比较清新或者是能够让他有一个好的心情，其实这类人是优质的完美主义者，对自己的任何事情要求都十分严格，做事比较专一，但是内心却有些执着和刻板。这种人的责任心很强，往往能够在最关键的时候扛起责任，但是有时候由于责任心太强，会引起极强的占有欲，所以这种人的表面与内心往往会不一致，一般情况下外表给人的感觉过于美好，实际长时间接触之后就会发现其内心的不稳定。

其次，点花茶的人，一般内心狂热，而且有一种特有的魅力气质由心而发。他们性格活泼，而且善谈的性格让他们在人际关系上有很大的优势。另外，这种人是十足的性情中人，骨子里面有情有义，是值得信任和交往的朋友，但是有时候过分的热情和交际会使这种人产生激进心理，因此，与这样的人相处要有分寸。

而第三人点了一杯新鲜的鲜果茶，这种人内心的特征其实与外表的他没有多大的差别。通常而言，他们的内心十分细腻，更容易赢得一个美好的家庭或者是人们的尊重和关心。同时，他们的内心也比较谨慎，而且不管是对自己还是对别人要求都不高，所以这种人内心十分满足而又充满了快乐与充实。另外，这样的人还比较善于打理自己的生活，有很完善的人生理念，对待家庭和工作的关系处理得十分得当，与其他人也不容易产生摩擦，因此他们对自己的生活充满了充实和满足感。

最后一种是习惯喝奶茶的人，这样的人内心感情丰富，心思细腻，做事严谨，有超强的逻辑思维能力，能够严肃正式地对待问题，客观地处理事情，对家庭和自己的生活能够处理得很好，在很多事情上多能够为他人着想。但是在个别方面，尤其是自己不擅长的事情面前比较容易逃避。

以上是英国心理学家赫恩肖·莱斯利·斯潘塞的实验结果，这也客观地反映了习惯点不同品种茶的人在心理上的不同特征和其心理变化，这是因为人们往往能够在一些不经意的习惯动作中暴露出内心难以掩饰的特征。

在很多情况下，有的人喝茶还有很多外在的习惯。比如，喝茶的时候习惯看报纸或者是书籍，抑或安静地写些东西，还有的人习惯观察周围的人或者是事物等等，而这些伴随着喝茶所表现出来的动作又是人内心特征的一些表现。

赫恩肖认为，在喝茶时习惯看报纸杂志或书籍的人的心理一定是沉稳不乱的，而且在一定程度上还表现了一个人心理上的成熟，这要比那些习惯打游戏或者是玩手机的人要成熟得多。当然，这种心理上的成熟，还表现在看书时十分专注，不会频繁地翻书或者是换书，这也从一定角度说明了对方有较强的自控能力，不容易被现实的一些杂乱和动静所影响，而这样的人也往往是有一定阅历的人，心理学家认为只有经历过波澜的人才不会惧怕波澜。而且这样的人还比较善于掩饰自己，能够随机应变，灵敏的思维能够让他们在关键时刻成功脱险。但是由于这样的人太过客观，往往会忽视他人，虽然在事业上很成功，但是在家庭生活上却未必顺心。

有的人习惯在喝茶的时候安静地写东西。这种人心思缜密，情感丰富，但是不善于表达，缺乏交际能力，内心充满了孤独，但有时候又非常充实，因此内心世界经常十分矛盾。这种人比较单纯，而且有责任心，但在责任与理想发生冲突的时候，这种人会毫不犹豫地选择自己的理想。

有的人在喝茶的时候习惯观察周围的人或事，即使是与朋友一起出来喝茶，这种人也会在无意之中不时地观察周围，让人产生一种十分不舒服的感觉。这类人的内心十分混乱不安定，而且总是存在一定的侥幸心理，尽管并没有做什么亏心事，但是内心却不安分，甚至还会在心理上希望四周出现一些异样的事情。另外，这样的人或多或少都有些自私，一旦遇到麻烦，想得最多的就是逃跑，可以说逃避是他们所擅长的。他们缺乏责任心，比较圆滑，往往会贪些小便宜，然而有时候也正是由于这些心理特点而出卖了他们。

美国中情局在与苏联的克格勃进行特工暗斗的时候经历了很多惊心动魄的事情，美苏两方特工的对峙不但展现了外在的特工技术和手段，还在心理上有一些强劲的较量。

美国 FBI 打入苏联的特工凯尔·斯托克在一次行动中发现了苏联秘密制造先进武器用来攻打美国海军的证据，但是凯尔却不小心将自己的微型照相机弄丢了，里面有大量不利于美国的证据和影像资料，而且还有自己的一些个人资料。如果被苏联的克格勃发现了，那么这对苏联来说将是一个大收获，因此凯尔十分担心。

就在这时，有一个自称阿加塔·洛特尼克夫的苏联特工说是捡到了这个微型相机，但是要出高价钱来交易。凯尔答应了，他来到一家茶馆，远远地就看到了坐在窗边的一个人，他不断地四处张望，即使在端起茶杯的时候也会四处张望，于是凯尔认定就是这个人。果然，此人正是阿加塔。

凯尔以为阿加塔先前的张望是因为等他而表现出来的焦急状态，但是没想到的是他面前的阿加塔在喝茶的全程都是东张西望的，这让凯尔心中感到很不舒服，但是作为心理素质极高的 FBI 特工，凯尔很快就洞察到了阿加塔的心理特点。他认为阿加塔一定是一个自私的人，喜欢贪小便宜，十分渴望能够从自己这里捞一笔。凯尔认为，这样的人虽然表面上十分庆幸，但是真正遇到麻烦的时候跑得肯定比谁都快，于是凯尔设下了一个圈套。他请来自己的同事，扮成克格勃的间谍向阿加塔发出了通牒，后来阿加塔在紧急情况下被迫交出了那个微型照相机。

凯尔正是通过观察阿加塔在喝茶时所表现出来的状态，看到了其内心的性格特征，最后将计就计，利用外在的环境和条件让阿加塔自愿交出了微型照相机，成功地完成了任务。

由此可见，一个人在喝茶时所展现出来的习惯足以反映出他的内心特征。任何微小且不被重视的行为习惯都是心理特征的外在表现，喝茶——这样一个简单且随意的行为，却在心理上隐藏着众多复杂的特征和秘密，进而透露出一个人的本质特点。

# 2

# 习惯性买单的人到底是什么心理

在生活中有这样一些人，他们总习惯在几个人一起吃饭的时候请客买单，甚至“今天我请客”已然成为他们的口头禅，而且往往表现得很豪爽大方。

现实中很多人都希望自己能够拥有请客买单的经济条件，因为只要自己有钱请朋友们吃饭或者是玩，就会很有面子，不用担心自己不如别人。当然，最重要的是能够在朋友面前彰显自己的实力，让人们羡慕和敬仰，因此这类人的内心多少都有一种极强的自我满足感和表现欲望。

罗威尔·汉德是一家汽车保险的推销员，他在这家并不大的公司里绝对称得上是慷慨的人物，这其中的主要原因就是他经常请同事们吃饭或者是出去玩。起初，同事们一起出去吃饭或玩时，大家都主张 AA 制度，但是每次在买单的时候罗威尔都会十分热情地付全额，往往还会带一句“伙计们玩得开心，今天我请客”。

时间久了，公司的同事们都习惯了罗威尔的这种行为，因此每次出去的时候都是由他来买单。由此，公司的同事们分为了两类人：一类人是贪小便宜的人，认为有人买单是好事，于是将罗威尔的这种习惯看得很自然和平常，并且很享受这种被人请客的感觉；另一类是内心自卑的人，他们认为每次都是罗威尔请客，自己的内心明显地感受到了自卑，认为自己不如罗威尔，于是下次再有这样的场合，这种人就会找借口不参与了。其实这两类人的不同表现就是受到了罗威尔买单行为的影响。

而罗威尔本人只不过是追求一种满足和虚荣感，其实他在经济上并没有过多的优势，甚至很不理想，从而导致他在日常生活中只能节俭一些，因而他的内心十分纠结。像罗威尔这种宁愿在平时节俭一些，也不愿意失去自己的虚荣心和满足感的心理，被称为“虚假满足感”。罗威尔每次都买单的主要原因就是为了获得一种心理上的满足感。可以说，这类人内心十分空虚，想要借助外在的表现来填满自己内心的空虚，让别人产生自卑，突出自己；另一方面却默默忍受艰苦的日子，但是他乐此不疲，因为他对自己内心的满足感欲罢不能。

有时候像罗威尔的这种心理状态还来源于被请一方对于他的依赖，这是一种潜在的心理特征。乐于享受罗威尔请客的一部分人，自然就会对罗威尔进行言语上的颂扬，罗威尔正是从这种口头上的颂扬中得到了他内心缺失的满足感。

其实，每个人最早的依赖关系都是从父母那得到的。每个人还是孩子的时候就习惯向父母撒娇，依赖父母，而这种依赖关系一旦成型，日后在成人的世界中也会容易出现，尤其是从无意的行为中表现出来。

法国心理学家布伦塔诺·弗朗兹认为，一个母亲在对孩子的溺爱中除了夹杂着对孩子的真爱之外，还主要是通过这样的行为习惯来满足自己的心理欲望。而那些习惯在吃饭的时候买单的人与喜欢接受被请客的人就如同是溺爱孩子的母亲和依赖母亲的孩子的组合，他们在心理上是各有所需的，并最终通过这种习惯来满足自己的心理需求。

因此，那些像罗威尔一样习惯买单的人，在买单时大都是发自内心的，因为这是他们内心得以满足的方式。他们想要从买单的过程中得到心理上的满足，这种满足感能够带给他们心理上的自豪。有时候明明不需要他请客，或是人们不想让他请客的时候，他还会想方设法来买单，只是因为他沉浸在这种请客的心理满足中不能自拔。所以，在生活中遇到这样的人时，要看透他的心理，然后采取相应的措施来与之相处。

当然，还有些人请客买单，并不纯粹是为了满足心理上的需求，而是带有很强的目的性。这样的人大多数以男性为主，他们在请客之前往往在心理上有一定的计划，清楚自己想要达到的目的，并根据自己的计划进行请客。这种习惯请客买单的人心理上的逻辑思维能力非常强，他们有较强的组织能力，做事情也很严密和谨慎，但是这种人越是这样紧密安排，越证明他们内心的不自信和缺乏安全感，也说明他们的随机应变能力不足，在突发意外的时候往往不知道该怎么做，因此心理素质较低。

由此可见，习惯请客买单的行为是一个人心理状态的一种真实外在的表现形式。伦塔诺·弗朗兹认为，一个人越是享受那种买单的感觉，就越说明他的内心存在一种被满足的需求。而对于那些带有目的性的请客的人来讲，他们的注意力往往会分布不均，一旦出现意外就会惊慌失措，这也是区分对方是否是真心请客的关键。可以说，通过习惯来分析并且抓住对方的内心是一种洞悉人心的有效方式。

# 3

## 鞋子里潜藏的蛛丝马迹

鞋子不仅具有保护脚的作用，人们在观察对方鞋子时，除了注意其外形效果外，往往也会因此对它的主人产生一些印象。与服装一样，鞋子也是透漏出主人信息的物件，但这个很重要的信息往往被人忽略。可以说，一个人鞋子的风格款式往往更能体现出一个人想要隐藏的心理特征。

喜欢穿休闲、运动鞋的人，表面上看起来很容易交往，但其实他们非常善于保护自我，警戒心很强。这种人也比较随性，不会在乎传统的观念、世俗的看法，更希望实现自我。他们表面上看起来很坚强，但是内心却非常脆弱，往往很需要他人的关怀。

喜欢穿高跟鞋的女人，往往性格成熟妩媚，在生活与工作中很努力尽责，对身边的人通常要求很高，有时会因为不满而常常抱怨、迁怒于人。这样的人不喜欢被他人欺骗，一旦发现，便会用尽各种手段进行报复。

喜欢穿凉鞋的人，比较自信，不怕向他人暴露自己，希望展露自己美好的一面。这类人很招人喜欢，朋友也多，但他们容易以自我为中心，而且性格十分偏执，希望对方顺从自己的意见，不容易被他人说服。

喜欢穿学生式，或者是简约风格鞋子的人，性格单纯，直觉敏锐，但通常会压抑自己的情绪。一般来说，穿这类款式鞋子的人年龄都偏小，而且家庭教育严谨，被父母严加看管，所以在工作学习上都非常保守，平时言行也比较内敛。但实际上，他们心中也有浓烈的欲望去做一些具有挑战性的事情。

喜欢穿样式独特鞋子的人，一般都很注重时尚而且追逐流行，希望能够成为众人的焦点，他们表面看起来颇为大胆，但内心却很保守。这类人很可能比较自卑，所以才希望借以流行的外表，吸引别人的目光。

鞋子的风格款式不像服装那样种类繁多，但从鞋子款式的选择上推断出来的也多是一些心理特征。对此，FBI在观察鞋子样式的同时，还会特别注意鞋子的损耗部位，以此来更加详细地分析一个人的性格特征。

如果一个人的右侧鞋底的磨损比较大，则表示此人可能性格外向，脾性浮躁，具有很强的好奇心，一旦有了想法就要马上行动，缺乏冷静思考的能力。如果左侧鞋底的损耗比较大，那么说明这个人表面比较沉稳，实际上性格顽固，喜欢对一切究根问底，而且坚持自己的意见，做事也很有韧性，意志力很强。

左右两侧鞋底磨损程度相当的人，做事往往小心谨慎，犯错后会很羞愧，觉得很对不起别人。这类人会将自己的思想情感埋藏得很深，不会轻易向他人袒露内心。

如果一个人鞋底前端的磨损较大，则表示这个人是一个行动力很强的人，一旦决定的事情，便会马上着手去做，不会拖拖拉拉。这类人如果能够遇到自由广阔的发展平台，他们就会凭借积极主动的性格优势，取得很大的成功。

鞋底外侧磨损较大的人，通常具有良好的交际手段，人缘很好，并喜欢热闹的聚会活动。他们性格开朗活泼，很受他人的喜爱。这类人一般适合工作于服务或者多变的行业。

鞋底面磨损平均的人，通常比较圆滑，不会过于坚持自己的意见。而且这类人的能力很强，在工作上可以发挥自己的潜力，无论从事哪种行业都能取得一定的成就。他们最大的缺点就是缺乏耐性，所以不容易取得很大的成就。

鞋跟后侧磨损较大的人，一般不满足于现状，天生具有丰富的想象力，但是如果过于沉湎于自己憧憬之中，或者以一时兴起的念头作为未来发展的目标，就会浪费自己本身的优势，而且也不易取得成功。

鞋底内侧磨损较大的人，往往性格懦弱，做事犹豫不决。他们在开始一件事情之前会将所有可能发生的状况都考虑到，而且还会在事情做到一半时就改变主意，半途而废。这种没有耐性的特点往往让他们错失很多难得的机遇。

办案过程中，FBI不会放过对嫌疑人鞋子的观察。探员们认为，这有助于他们大致了解对方的性格特征从而对症下药。有一次，FBI探员克鲁斯在深夜接到一个案件，报案人称自己被抢劫了。于是，克鲁斯和同事立即赶到了报案人所指的地点。报案人叫洛特，是一名律师，案发时他刚从银行取款出来，准备去做生意，但是却在前往交易地的路上被抢了。

洛特说，当他开车经过一个农场的时候，车子发出巨大的响声，洛特赶紧下车，发现车胎被钉子刺破了。

就在此时，三个蒙面人冲上来将他打晕了。当他醒来后，发现身上的钱与值钱的物品都被人拿走了，还好身体并没受到很大的伤害，他挺着虚弱的身体走到了最近的一个农场，请求农场主人给自己的车子换下轮胎，并借用农场的电话报了警。

FBI 探员克鲁斯听了洛特的诉说后，查看了洛特车子的轮胎，很明显是新换的。之后，洛特对农场主表达了自己的感谢，此时克鲁斯观察到农场主听到洛特的感谢后表情非常奇怪，他对洛特的真诚感谢接受得很勉强，嘴角还微微扯动了一下。于是，克鲁斯仔细地观察这个农场主，发现他翘着的脚上穿着的鞋子左侧磨损很大，克鲁斯想到鞋底左侧磨损较大的人按说表面应该很沉稳，但是这个农场主表现得却很不安，于是推断他肯定与此案有着密切的关系。于是，克鲁斯对农场主进行了突击审讯，农场主当场惊住，面色惨白。

经过严加审讯，农场主承认自己的确与案件有关，但他只是故意放了钉子，以此来达到以换轮胎的方式增加收入的目的，但是他知道附近有人会因此趁机打劫，却依然没有罢手。

最后从农场主所交代的信息中，克鲁斯与同事们顺利找到了抢劫钱财的那伙人，很快侦破了此案。

可见，从一双鞋子所透露出来的细节，就可以了解到他人的性格。FBI 在破案的过程中，尽量不会错过任何一个细节，因为一个细节往往会对案件的突破产生很大的影响。

FBI 在破案时常常会依靠人的服装、鞋子来推断一个人平时真正的性格、行为特征，从而来推断他是否表现异常，为破案找到有力的证据。

# 4

# 阅读习惯能真实反映一个人的内心

阅读在心理学上被看作是一种视觉诱导的心理过程，这个过程是需要眼睛与大脑共同来完成的。阅读是由人的感觉、思维、想象以及记忆等多种心理上的元素组成的一种复杂的活动，人的个性、情绪、兴趣等都能够从阅读中表现出来。因此，通过分析一个人的阅读习惯便可以了解一个人的内心世界，透析一个人的心理特质。

美国学者格雷认为，一个人的阅读习惯与他的性格，尤其是与内心世界有重要的联系。它呈现在对方眼中很可能就是一种隐藏的动机或者是深埋的欲望，而且在一定程度上表现了特定的性格特征。

拿破仑·希尔曾经说过：“阅读的习惯是由一再重复的思想和行为所形成的。”也就是说，阅读能够彰显一个人的性格和心理特点。

在日常生活中，阅读几乎是一项不可缺少的重要内容，而每个人在阅读时所表现出来的不同习惯也代表了不同的内心和心理性格。比如有的人在阅读的时候聚精会神，有的人却一边阅读一边喝咖啡，有的人在阅读时不知不觉就睡着了，还有的人在阅读时表现得很烦躁，遇到最不喜欢的书或者是报纸就迅速更换，总是手忙脚乱的样子。其实这些阅读习惯都是人们无意中表现出来的，透过这些可以看出人们的内心世界。以下是几种常见的阅读习惯所反映出的心理及性格特点：

（1）聚精会神的阅读习惯。

有的人在阅读的时候总是会保持一种高度集中的精神状态，这类人一般做事比较认真，而且不管做什么事情，都会全身心地投入其中，并要求完美。此外，这种人在内心情感上会表现得非常细腻，内心感性，却又不缺乏理性，想象力比较丰富，遇事不易冲动，思考周全，而沉稳老练与睿智果断也是他们的内心表现。他们还很容易与他人达成一致，是人们合作的理想伙伴。

（2）忙里偷闲的阅读习惯。

所谓的忙里偷闲，其实就是边阅读边做其他的事情，比如一边阅读一边喝咖啡或看电视甚至吃东西等等。这种人在阅读时通常没有完全将注意力放在阅读内容上，这就铸造了他们具有性格波动和弹性的特点，内心也难以捉摸。但是这种人却能够轻易地适应各种环境和场景，甚至能够在条件不允许的情况下勇敢地尝试各种新鲜的事物。这无疑说明他们内心具有挑战性，敢于向外界发起挑战，具有冒险精神，喜欢尝试大胆的风格，在遇到困难或者是危险的情况下能够勇于担当，而且往往能够挑起重任，甚至能够扭转结果。

（3）烦躁不安的阅读习惯。

有的人在阅读的时候往往表现得烦躁不安，其表现为：不断地更换书籍，或者是在看一本书时会频繁地前后翻页。这时候如果身边有人，拥有这种阅读习惯的人就会导致身边的人也不能安心阅读或做事。这种阅读习惯，在心理学上被称为“起伏阅读习惯”，拥有这种阅读习惯的人所表现出来的心理往往是不稳定的。而事实也证明，这种人不具备足够的耐心和承受力，心胸有些狭窄，忍受力薄弱，但是这种人的独立性很强，不会随波逐流，而且他们往往十分节约，不会盲目地浪费时间以及身边有利的资源。

19 世纪初期的英国浪漫主义诗人乔治·戈登·拜伦是一位极具才华的学者，他的知名度在当时的英国乃至周边的国家和地区都很高。有一次他去英格兰的一个小镇上做客,在这里他被人们的热情和欢快所感染，于是写下了很多美丽的诗篇。然而，就在他要回到伦敦的时候，一位年轻人要请他喝咖啡,而且就在不远处的一个小咖啡厅里,于是拜伦答应了。按照约定的时间，拜伦来到了咖啡馆，刚进门，拜伦便发现了坐在角落里的年轻人——他手捧着一本书在阅读。拜伦刚要走过去，却见这个年轻人突然十分急躁不安地翻看着书本，一页又一页，然后还换了几本不同的书，翻页十分频繁，而且眼神中透露出一种焦虑不安。这种状态被睿智的拜伦发现了，于是他转身走出了咖啡馆，然后叫了辆马车就去了伦敦。后来他托人给年轻人带去了一封信，信中言明了拜伦的到访和所见所闻，并且在信中还指出了年轻人的缺点和不足，最后他还给了年轻人一个劝告——阅读是一件静止的事情。

那位年轻人正是因为自己烦躁不安的阅读习惯，才让拜伦打消了与之见面的想法。由此可见，阅读习惯往往能真实地反映出一个人的内心世界。

另外，还有人在阅读时容易睡着。这类人很少，他们在阅读的时候常常选择躺着或者是半躺着，这种阅读环境比较安逸，所以就很容易睡着。这类人的内心大都是乐观的，性格也比较随和，内心世界丰富，充满感情，而且表面上看上去十分平凡和安逸，但是在遇到困难的时候总是能够坦然面对，对困难从不抗拒和畏缩，最终也就能够乐观地解决问题。

丹麦著名的心理学家索伦·克尔凯郭尔对人类的这种阅读习惯与人心理上的联系做了一些详细的调查和研究，他发现，阅读的习惯能够真正体现出对方心理的情绪变化和波动，而且阅读所彰显出来的内心世界是无形的，能够看懂的人也是一个心理阅读高手。

# 5

# 人的心理有可能影响日常饮食习惯

在现实生活中，每个人的饮食习惯都不同。有的人喜欢吃清淡的东西，而有的人却习惯吃荤菜；有的人在吃饭时不喜欢说话，而有的人却滔滔不绝等等。这些看似平常的习惯往往代表了一个人的内心世界，反映了一个人的心理特征。

大多数人都不明白饮食习惯会包含人们的心理变化，究其原因就是人们很少去注意，而且，只有通过科学的心理学方式才能揭开这些隐藏在饮食习惯中的心理特征。英国心理学家艾萨克·特纳经过大量的事实研究表明，人的心理和饮食习惯有着密切的联系。

从广义上来看，全球因为地域和民族风情的不同，各地的饮食习惯也各不相同，有时候你会发现一种有趣的现象，这些饮食习惯与心理性格有很大的关系。比如俄罗斯人的面包叫作“大列巴”，这种面包体积大，分量也足，这似乎与俄罗斯人的那种彪形大汉以及壮实所带来的不拘小节和心理粗犷的性格有一定的关系；而法国人会将面包做成一种精致的面包圈或者是面包条，这也与法国人内心精致的感情和细腻的思维以及浪漫的情怀有着一定的联系；美国人则喜欢吃速食品，如汉堡包或者是炸鸡腿等，这与美国人的那种冒险精神和内心的开放有着很大的关系。其实，这也就好比习惯吃大米的人感情细腻，而且有一种骨子里的清高感，处理事情时考虑周全得体；而习惯吃面食的人则比较粗犷，夸夸其谈，处理事情有时候粗枝大叶，意志力也不够坚定；习惯吃油腻食物的人，则喜欢冒险和刺激的生活，内心不安定；习惯清淡食物的人善于思考，注重交际，人际关系十分活跃等等，这些都表明饮食习惯与人的心理有着千丝万缕的联系。

事实上，人们的饮食口味往往存在着不同的特点，而这些特点又在很大程度上体现出了这个人的心理特征。

比如有的人习惯在吃饭或者是喝咖啡的时候多放糖，在一定程度上这种人的内心十分健康和阳光，其心态也十分年轻，充满活力，带给人一种亲切和青春的感觉，温和且平易近人是他们的性格特点，当然也是他们的优点。但是这种人也有自己的缺点，那就是内心软弱，甚至有些保守，往往在陌生人面前显得比较矜持和腼腆，致使外交失利。

美国心理学家夏乌斯博士在著作《饮食·犯罪·不正当行为》中提出饮食习惯能反映出一个人的心理特点，而且适当地改变饮食习惯还能够调整对方的心理缺陷。书中提到了一个叫作杰利的怪癖少年，他从小脾气暴躁，而且难以管教，9 岁时就曾进过少年管教所，11 岁便因为犯罪被法庭传讯。即使这样，杰利仍然十分猖狂和嚣张，对法律视而不见，父母也为此伤透了脑筋。后来，为了帮助儿子改正这种不良行为，他们听从了当时著名的营养学家凯尔文的建议——在杰利的食物中适当地加入糖。长此以往，杰利就形成了在吃饭时放糖的习惯，而且一年后杰利明显对人温和了不少，心态也渐渐乐观开朗了起来。由此可见，饮食习惯也可以改变一个人的心理缺陷，进而帮助人形成良好的心理特质。

从心理学上来说，喜欢吃荤菜的人内心充满了冒险和寻求刺激的特点，而且往往给人一种积极进取、活力四射的感觉。另外，这种人的内心有极强的控制欲望，喜欢支配别人，并且希望能够成为一个团队的首领，因此这种人的社交能力比较强，喜欢与人交谈和分享身边的新鲜事。据资料记载，拿破仑·波拿巴就是一个十分喜欢吃肉的人，他在选择食物的时候，一定会选择粗犷的牛肉或者是大片的猪肉干等，而拿破仑的这种饮食习惯也造就了他英明一世，喜欢征战的强烈欲望。因此，马克思和恩格斯曾经这样评价拿破仑：“拿破仑在人们眼中不是一个人物，而是一个纲领。”而也正是因为拿破仑的这种心理特征，他才能够说出那句警醒世人的名言：“不想当将军的士兵不是好士兵。”

生活中还有很大一部分人习惯将食物做得生一些，有时候是半分熟，有时候是七分熟，但是绝对不会全熟。这种人在内心其实有一种对原始生活的追求，并且在各方面都追求一种原始的状态。他们充满了英雄气概，但是在遇到问题的时候往往会悄然退避，缺少一定的担当和责任心。

与这种人相反的就是习惯吃熟透食物的人，这种人温柔和善，交际能力往往较强，内心世界丰富多彩，而且心思细腻，骨子里有一种浪漫情怀。但是这样的人往往缺乏持之以恒的精神，做事情很难坚持下来。

有的人每次吃饭都离不开辣椒，似乎只有辛辣的食物才能让他胃口大开。这类人是比较“泼辣”的，其脾气和秉性十分火爆，而且这种人的内心具有多面派——有时候对人热情过度，有时候又十分冷漠。可以说，其内心漂浮不定，让人难以捉摸，但是他们十分注重感情，是性情中人，值得信赖。

有些人在吃饭时习惯听音乐或者是看电视，这种人一般都不喜欢一个人吃饭，内心有种孤独感，渴望得到人们的关心，但是又不想和别人聊天，因此心理上十分矛盾和纠结。但一旦与之交心，他们将会是非常真诚的朋友；不过决裂时，也没有任何事情是能够挽回曾经的情意的。还有的人在吃饭的时候习惯细嚼慢咽，心理学上认为，这样的人是一个十分懂得享受生活的人，而且即使生活短暂，他也会沉浸在这片刻的温暖和美好之中，这样的人是最容易得到人们疼爱和怜悯的。

由此可见，通过饮食习惯往往能够判断一个人的心理特征，这无疑为人们提供了很大的帮助。因此，人们要细心观察，以便一眼看透对方的心理。

# 6

# 睡觉习惯中的潜意识心理

人们睡觉的姿势多种多样，比如，有人喜欢抱着毛绒玩具睡觉，有人喜欢枕着别人的手臂睡，还有的人习惯靠床边睡等等。事实上，这些看似无关紧要的动作和习惯也显露出了对方的内心世界。

瑞士心理学家博姆达尔坦·特拉梅尔·弗朗齐歇克认为，身体语言自始至终都是一种最能正确和清楚地表达对方心理的方式。她还通过多年的心理研究告诉人们，要想找到一种好的方式来了解对方的性格和心理特征是很不容易的，不过一个人的睡觉习惯就不失为一个好的方式。人的睡觉习惯是一种直接由潜意识表现出来的身体语言，它往往会显露出一个人隐藏在内心的某种思绪和情感。

有些人在睡觉的时候习惯蜷缩着或者是抱着毛绒玩具睡。这样的人内心大都缺乏安全感，心理上非常软弱，有时是一个很小的打击都难以承受。而且他们的逻辑思维能力不强，做事没有规划，事到临头才急着着手。尤其是喜欢抱着毛绒玩具睡觉的人内心极其缺乏安全感，独立意识不强，并且喜欢依赖别人或者是周围习惯了的环境，对陌生的人或者是事物会紧张甚至会畏惧，遇到困难的时候也不会迎难而上，内心渴望别人的关怀和宠溺。有这种睡觉习惯的人大多是女性，男性的性格和特质决定了他们很少会出现这样的睡觉习惯。

有的人习惯趴着睡觉。通常，这种人在一开始入睡的时候并不是趴着的，但是睡着之后就会无意地保持趴着的姿势。这种人在一定程度上十分自信，不管做什么事情都信心十足，而且通常给人的感觉也是如此，人们会相信他有卓越的能力来完成某项任务。心理学家们在研究人们内心世界的时候发现，有很大一部分人对自己并不是很了解，对自己没有完全的认知能力，但是这种习惯趴着睡觉的人却有较强的认知能力，而且在必要的时候能够很好地把握和控制自己，做到随机应变。即使到了一个很陌生或者是充满危机的环境中他也能够迅速融入，并且能够迅速地调整自己，做事果断干脆。此外，这种人还比较善于隐藏自己的真实情感和内心思绪，让别人难以察觉，很多处事果断、遇事冷静的男性都会有这样的睡觉习惯。

还有很多人在睡觉的时候会保持一些更加丰富多彩的姿势。比如有的人习惯在睡觉时呈现出八字形，这种人与习惯趴着睡觉的人的心理特点有很大的不同，习惯八字形睡觉姿势的人内心十分固执和强硬，不喜欢听从别人的建议，也很难向别人妥协，即使自己有一定的处事能力，也往往比较武断。另外，这种人还有较强的控制欲望，喜欢统治和领导别人，而且这种人大都比较自负，甚至有时候刚愎自用，往往失败也源于此。

还有的人习惯仰面睡觉，这类人大都十分开朗，大方热情，富有同情心且内心善良、有责任心。他们在人际交往中比较善于分析对方的心理，因为他们心思细腻，考虑周到，言语谨慎。另外，这类人遇事不会逃避，而是勇于承担，在某些时候还会呈现出一种成熟懂事的特质，也正是因为如此，他们会受到人们的尊敬，人际关系非常和谐。

还有的人习惯在睡觉的时候保持一种非常正式的姿势，比如双手放在两边，两腿伸直，仰面睡觉。这种人的生活方式往往有规律性，而且生活节奏比较快，因此他们的精神往往处于一种高度紧张的状态，即使是在睡觉的时候也会表现出来。

然而，在现实生活中，也有人习惯在睡觉的过程中将脚放在外面。当然这并不是因为温度过高，而是睡觉中的一种习惯性动作，说明此人白天的工作非常繁忙，以致其感到劳累。但是这种人十分乐观和开朗，从不会因为生活的劳累而自暴自弃或者逃避，他们内心渴望成功，并且努力奋斗，内心坚定。

还有些人在睡觉的时候总是习惯睡在床边。这种人在心理上明显缺乏安全感，但是另一方面又充满了理性，比较善于冷静地处理事情和控制局面。另外，他们的韧性和忍耐力极强，而且很会克制自己的暴躁情绪，恬静的外表下往往深藏着一些很有深度和常人意想不到的想法。

看来，心理学家博姆达尔坦·特拉梅尔·弗朗齐歇克认为，睡觉的习惯能够展现一个人的心理状态是有充分根据的。正所谓“透过现象来看本质”，睡觉习惯中的心理学问是非常值得人们推敲的。

# 第六章　性格反应：

## FBI 教你破解性格与行为的关系

# 1

# 吃饭习惯与人的性格

主要研究上瘾和情绪的美国杰出的心理学家斯坎特以及其他一些心理学家经过研究发现，生活习惯是人们在日常生活中逐渐形成的，它除了与生活内容的不同有关，同时还受条件、环境等因素的影响。更重要的是，它与人的性格、心态也是密不可分的。因此，斯坎特指出，在人们的生活习惯中，可以看出每个人不同的性格特征。

吃饭虽然是一种再正常不过的生活习惯，也是每个人生命中不可缺少的一项重要内容，吃饭的方式也与人的性格心理有着密切的关联。FBI联邦心理专家约翰·道格拉斯指出，吃饭是一个人从出生到死亡一直持续并且自然而然在做的一件事情，所以会在自然而然中养成一定的习惯，而这些习惯中又最能表现出一个人的性格和心理来。对此，道格拉斯还列举出了以下几种与性格心理有着密切关联的吃饭方式：

（1）习惯站着吃饭。

喜欢站着吃饭的这一类型的人并不是特别地讲究吃法，但他们会尽力讲求简单、方便，省时又省力，因为对于他们而言，只要能够填饱肚子就可以了。这类人可以分为截然不同的两种类型：一种是对生活没有太大的理想和追求，他们很容易满足现状，而且性格温和，不喜与人争执，懂得关心他人，为人也很慷慨；另一种是对人生有着过高的理想和追求，他们时刻不停地要求自己尽可能多地节省时间，尽可能多地做一些事情，以便更快地实现自己的人生目标。可以说，这类人最显著的一个特点就是节省时间——即便是在吃饭的时候，他们也在想着工作与事业。所以，他们对吃饭也不太讲究，总是匆匆吃完，匆匆离去。

（2）边看书边吃饭。

边看书边吃饭的人，很明显属于那种一生都在为了学习和工作而努力的人，因此，他们甚至在吃饭的时候也总是拿着一本书翻看。他们的时间表总是安排得满满的，除了工作和学习，没有多余的时间去做别的事情，所以，他们不得不千方百计地挤时间。美国心理学家梅奥指出，这类人有着积极乐观的性格，且有着冷静的头脑，对生活充满了希望，会努力将计划付诸实践。此外，他们对人生也有着强烈的欲望和要求，而且他们对整个人生都有着具体的计划。

（3）吃饭时细嚼慢咽。

吃饭时喜欢细嚼慢咽的人，属于那种不急不慢、不温不火的性格，他们不管做任何事，都是以缓慢而悠闲的方式来进行。从这一个侧面来说，他们也是最懂得享受生活的人。他们对生活没有太大的欲望，他们追求的仅仅只是开心和时尚，每天过着自由自在的慢生活，有品位但不乏味，有情调但不单调。他们当中也有一些人努力地工作，但会把生活与工作分得很开。

美国心理学家布鲁纳认为，这类人平时少言寡语，喜欢独处，拒绝甚至有些排斥集体社交活动，总是喜欢一个人静静地品味生活中的孤独。他们在遇到挫败的时候，情绪上也不会有较大的波动，因为不管遇到什么事情，他们永远都是一副不温不火的模样。不过，这类人虽然做事速度比较慢，但他们相比做事快的人而言，头脑要显得格外冷静一些，所以在他们身上很少出现意气用事的情况。

（4）吃饭时速度相当快。

吃饭速度相当快的人，做任何事情都相当追求速度，因为他们非常重视效率——有速度才有效率。他们性格开朗，思维也很开阔，看待和思考问题不会局限在某一点上。在看待问题的时候，他们通常也都很乐观积极，即便是遭遇到了不好的事情，也不会太过悲观失望，而会以极短的时间迅速调整好自己的状态，并重新投入到最佳的状态中去。他们在做任何一件事情时，也总是希望和要求自己在最短的时间内将事情完成。但结果与过程对他们这类人而言，前者相对要显得重要一些。

FBI 心理专家杰森·哈斯勒姆指出，这类人有一种典型的心理特征——急于求成。他们凡事都想要一个“快”字，即便是吃饭也不例外。而且，他们往往过于着急，这导致他们在匆忙之中做出盲目的决策，而这种决策大多都会偏离正确的方向，甚至背道而驰。更需要这类人注意的是，一旦决定出现偏差或者错误，如果在操作和指挥上再急于求成，就会造成更严重的后果。正所谓“心急吃不了热豆腐”，人越是在急躁的情况下，思维和行动越容易出现错误。而错误的决定，无疑会造成事倍功半，甚至滑向失败的深渊。FBI 指出，这类人需要学习和具备冷静的头脑，凡事不要操之过急，冷静地思考后，再做出决定，这样才会事半功倍。尤其是面临重大的抉择，更不能盲目地就下结论，要知道任何事情都不是急出来的，做大事的人需要冷静、稳重的头脑。

（5）边吃盒饭边走路。

拿着盒饭边走边吃的人，虽然给人的感觉是来去匆匆、时间万分紧迫的样子，但实际上不一定如此。他们其中一些人之所以如此，很有可能是因为他们缺少纪律和组织观念。虽然这类人的行为一般都较为散漫、任性且放纵，通常是想到什么就做什么，总是容易给人带来惊奇，但这类人也较容易忽视别人的感受和想法，而且他们比较喜欢以自我为中心，也喜欢引起别人的关注。而为了引起别人的关注，还会制造一些戏剧性的事情，以此吸引别人的目光，从而让他们获得一种被关注的满足感。

FBI资深心理专家罗伯特・K・雷斯勒指出，这类人的想法都比较极端，且容易冲动，也经常会感情用事，做事欠缺理性，还总是把事情弄到无法收拾的地步。更令人难以忍受的是，他们往往还做出一副毫不知情或者事不关己的样子，以逃避自己所犯下的错误。因此，在和这类人交往的时候，一定要多加留心，因为他们很可能会为了逃避责任而陷害他人。

# 2

# 表现自己也要适可而止

在竞争日益激烈的当今社会，通过表现自己来赢得别人的掌声和领导的赏识，变得尤为重要。然而，有些人能够通过自己的能力表现得到别人的认可，而有些人却仍是一个无名小卒。事实上，那些喜欢刻意表现自己的人往往得不到别人的认可和信赖，因为他们的表现方式显得过于虚伪，令人生厌。

在日常生活与工作中，我们很容易碰到这样的人：他们往往喜欢摆出高姿态，并不断地吹嘘显摆自己。例如，对方根本不关心他今天有什么收获，可是他一定要拉着对方，将自己的丰功伟绩诉说一遍；如果今天买了一个最新款式的手机，他一定会故意让你看到，以彰显自己紧追流行时尚。在工作中，也不乏这种性格的同事：他们虽然思路敏捷、口若悬河，但刚说几句话就让人感到狂妄；有一点小小的成绩，就开始到处宣传。另外，他们还有一个共同的特点就是，常常通过很明显的方式——如刻意将自己的成绩、能力展现到人眼前，直接用语言夸赞自己或者是虚假地谦虚一番，来引起别人的注意。这样做的目的就是时刻要让人知道自己很有本事，处处都想显示自己的优越感，以为只有这样才能获得他人的敬佩和认可。可是这样长时间的刻意表现自我，慢慢地就会让人感到厌烦，从而会在公司同事间失去威信。这无疑会对自身的发展产生影响，所以必须要对自己的这种表现方式稍加调整。很多人虽然都意识到了自己这种性格，也试图去改变，但总是徒劳无功，其实这是他们的虚荣心理在作怪，或者说他们其实并不想改变。

对此，美国著名心理学家亚伯拉罕·马斯洛提出了融合精神分析心理学和行为主义心理学的人本主义心理学，并将美学融入其中。他认为，人最初都是善良、美好的。由于受到环境的影响，人的这种美好也会遭到破坏，这就需要人们不断地完善自己。他将自己的这种观念具体化，并解释说："大多数人心里都有一个阴影，他们需要让别人认可自己，用赞赏的阳光来消除阴影。"

在马斯洛看来，这个"阴影"就是人们在成长过程中心理存在的自卑以及不自信的影子。由此，从心理学角度分析，当一个人内心不自信时，就会急切地想从各方面证明自己的能力，让他人知道自己并不差。所以说，那些人在人前这种刻意吹嘘自己的行为，恰是他们内心深处不自信的表现。

格蕾丝·安娜太太小时候跟大多数女孩一样普普通通，可是随着年龄的增长，她渐渐发现自己开始不自觉地观察别人，并想要在各个方面超越他们。在一次数学竞赛中，她看到数学优秀的同桌获得了冠军，受到师生的赞扬与羡慕。于是，安娜开始拼命地学数学，有一天她终于取得了一定的成绩，可是那时又没有竞赛，所以安娜就主动找数学老师来评价自己的成果。同学们将安娜的这种行为看在眼里，简直厌烦透了，他们认为安娜就是一个自负而又喜欢与别人攀比的人。其实，安娜有时也察觉到了同学们对自己的厌烦，可是她总把原因归结为自己做得不够优秀，于是就一直想方设法地表现自己。

这样的行为一直伴随到安娜成年，所以她并没有什么朋友。因为同学们都认为她太虚荣，并且她的处处竞争显摆让人觉得与她在一起压力很大。此时，孤独的安娜已养成习惯，只要遇到比自己强势的人，她就会不自觉地想要显示自己。

然而，正是由于她的刻意表现，同事们开始排挤她，甚至后来上司都开始认为安娜是在吹嘘自己，根本没有什么真本事。

安娜遭遇了滑铁卢，她苦恼极了。在这个紧要关头，她遇到了今生的知己，也就是她的丈夫。也正是由于丈夫的一句话，她开始意识到了自己的问题。一天丈夫对她说："亲爱的，其实你非常的优秀，即使你不表现，大家也一样喜欢你。你不知道大家有多么喜欢你的舞姿！"此时，安娜终于明白自己最擅长的舞蹈才是她的骄傲。于是在丈夫的帮助下，安娜终于走出自卑的心理，努力发挥自己的优势，最终成为一名舞蹈家。

从上述安娜太太的成长历程中可以看出，她那刻意表现自己的性格给她带来了多么大的伤害，幸运的是她遇到了自己的丈夫。她丈夫的那句话正点破了安娜这种性格的心理特征，就是极度的不自信，太在乎别人的眼光，从而导致自己没有正确的人生目标。其实，表现本身并没有错，错就错在表现的方式和时机上。假如在一个有许多人参与的谈话中，大家的关注点不是你，但你却总是把话题扯到自己身上，不惜夸大事实，也要得到大家的关注。这时人们就会感到你是在刻意表现，很容易就会对你产生排斥感和不快情绪。

对于这种性格的人，一定要看透她的心理，认识到这其实是不自信的表现。一方面，不要被他们的表象欺骗，也不要认为他们有什么恶意；另一方面，要帮助他们树立起自己的信心，发挥自己的特长，用真正的实力来折服他人。切记不要做作、虚伪及不分场合地刻意表现自己，这样只会适得其反。

# 3

## 为什么总有人喜欢高谈阔论

经常高谈阔论的人，一般被认为是有支配欲的管理型人士，在团队中经常站在领导的位置上出谋划策、调兵遣将。他们通常喜欢追求权力、财富、地位，总是力求别人接受自己的观点，一旦受到别人的质疑，就会懊恼不堪。心理学家分析，这种性格的人，虽经常高谈阔论和指手画脚，但这并不代表他们真的学识渊博。相反，这是他们急于证明自己的心理体现。

从工作能力的角度来讲，他们缺乏稳定、踏实的品质，在行事中不够谨慎认真，经常会漏洞百出。但是他们又不听取别人的意见，总凭自己的感觉做事。往往是一件事还没有做完，热情就先减退了。这种人心思敏捷、思维活跃，在心理上自视甚高，自认为很受他人欢迎。一旦掌握了一点能力，就以为获得了全部，然后到处炫耀、卖弄。即使处处碰壁，他们也从不气馁，并且坚信“天生我才必有用”。

总之，他们嘴上的功夫要强于实践操作，并且永远不满意别人对自己的看法。他们非常狭隘，忍受不了别人犯错，更无法忍受别人强过自已。所以，在公司会议上经常会出现这样的局面：一开始是公司的老总在主持会议，可是当老总征求大家的意见时，此时的会议就变成了这类人的专场演讲会。他会针对整个会议的内容，提出自己的想法、意见以及安排之后的整体操作。说到兴奋之处，还会指手画脚，表情丰富、声音抑扬顿挫。乍一听来，大家发现他们说得头头是道，富有创意，可是散会之后，人们仔细回想，便会发现他们的这些想法只不过是纸上谈兵罢了。而这其中，最容易对他们产生怨恨的就是公司的老总，因为这种人完全无视老总的存在，甚至公开反驳上司。

或许他们看起来像是天生的领导者，但实际上他们并不是，有很多与其共事过的人曾这样评价道："这种人根本就没有什么实干精神。他一天的工作就是指责别人或者是讲述理论。我们在认真工作时，他总是两只手放在背后，走来走去，并且眉头紧锁，然后突然他就会停下来，发表自己的高论。而他所说的那些很多都是不符合实际的，有一些甚至是凭空编造的。此外，他还经常在我们面前批评他人的意见，以此来证明自己意见的正确。后来我们才知道，他所批评的那些人都曾经反驳过他。"

所以，喜欢高谈阔论的人对别人取得的成功会产生嫉妒心理，而嫉妒则引发了他们更加疯狂的演说。伟大的哲人黑格尔曾经说过："有嫉妒心的人往往因为不能完成伟大的事业，便试图去诋毁他人。"可见，在背后说别人坏话的这种行为，明显就是他们的嫉妒心在作祟。他们面对别人的成功，不是改善自己，而是通过编造各种理论诋毁别人。英国最著名的心理学家约翰·科尔比曾经说过："嫉妒之心，就像是一个恶性肿瘤在人的内心中不断成长，直至最后吞噬人的心灵，这会让人对别人的进步感到不安，会损坏一个人的自信心，使其忘掉自己对生活的真正追求和需要。”在科尔比看来，嫉妒是一个人成功和快乐的敌人，而心里总是装着嫉妒的人，是做不成什么大事业的。

英国北部的一所贵族大学里，有一个叫乔治的男生，他就是一个喜欢四处招摇、相互攀比的人。他总喜欢在同学面前发表自己的言论，对所有的权威都表示质疑，对所有的名人都要品头论足。很多同学不知道他讲了什么，但是却被他的口若悬河折服。同学们总是讪笑地围在他周围，而乔治则满足于被大家追捧的感觉。有一次在图书馆的门前，他看到一对男女在一起谈笑风生，他明显看到，那个女生被男生的话语逗得前仰后合，并露出钦佩的眼光。乔治心里暗暗含恨，心想，那位男生有什么了不起，我能比他做得更好。于是乔治走到他们身边，用一句赞美的话做了他的开场白：“哦，小姐，您的这身装束，穿在您身上再合适不过了，我想您是这里最美的风景了。”这位女生听了乔治的赞美，自然是非常高兴，便把注意力转移到了乔治身上。乔治开始与她攀谈起来。首先他对校园的文化及未来的发展来了一番阔论和指点，一开始这位女生对乔治的语出惊人、妙语连珠钦羡不已。可是当之前的男生一走，乔治就把自己的口才施展在了那位男生身上，开始对他说三道四。此时，这位女生的神情从开始的振奋变成了怏怏不乐，后来只好借口脱身。殊不知，乔治的那番评论，已经给这位女生留下了非常恶劣的印象。而乔治的这一行为也说明了他是一个善妒而又太过于看重自己表现的人。

或许，这类人在开始的时候能获得心理上的一点满足感，但是到了最后他们会变得痛苦和无力。因为人们总会发现他们的言论都是空谈，没有实质内容，从而不再相信他们。但是此时他们已经没有回头路了，“高谈阔论”就是他们唯一的出路。并且他们嫉妒而且喜欢控制别人思想的这种心理，使他们基本没有知心的好朋友，其内心实际上非常孤独。他们的人生根本没有什么明确的目标，也从未品尝过真正胜利的滋味，久而久之，便会陷入无尽的恶性循环之中。

如果想要走出痛苦的沼泽，首先要稳定心绪，调整心态；其次是踏踏实实，提高自己的专业技能，让自己充满信心；另外，还要放下嫉妒，坚持自我，不要太在意别人的眼光，要为自己的人生目标而努力奋斗；最后，即使是领导者，也要虚心、真诚，讲话不能开“空头支票”。只有这样，才能使自己的人生出现转机，才能真正证明自己的实力，从而受到人们的尊重。

# 4

# 体型与性格的惊人联系

人的体型特征一眼便知，而人的性格特征由于内心世界的繁杂多变则很难判断，但心理学家通过研究发现，人的体型和性格之间存在着惊人的联系。也就是说，通过最直观的体型观察可以对一个人的性格进行初步判断。人类最早对体型和性格进行研究是在 20 世纪 20 年代，那时，德国心理学家以体型为基准，将人类分为三种研究类型，分别为肥胖型、瘦削型和强壮型。

其中，肥胖的人性格外向，能够很好地融入人群，并善于营造融洽和谐的氛围。人们在向陌生人问路的时候，往往喜欢找一些胖胖的人，因为这些人的气场每时每刻都在表现一种温和与可亲。一般而言，体型肥胖的人比较顺从，喜欢依附，没有主见，缺乏上进心。健康方面，他们经常会被高血压和心脏病所困扰。

从医学角度来讲，人类机体的一项重要自我调节功能就是营养供需平衡，在人体营养需求达到饱和时，平衡系统会将继续产生的能量转化成脂肪并储藏在皮下组织，以备后用。如果一个人的营养摄入量持续大于机体需求，肥胖现象就会产生了。而从某种程度上来讲，这还是一种健康意义上的肥胖，因为造成肥胖的真正原因往往也是机体功能失衡。一方面可能是因为机体需求小于正常的营养供给，这种情况造成的肥胖同时也会加重机体运转的负荷，尤其是心脏会承受很大的压力；另一方面，可能是能量转化系统出现了问题，即转化系统可能会将正常范围以外的能量甚至根本就不是能力的物质转化为脂肪，人们经常说的“喝凉水也长膘”就是这种情况。

身型瘦削的人一般较为内向，甚至有一些自闭和分裂趋向，如果不加以有效调节，这种性格发展到极端就会成为自闭症、抑郁症或者精神分裂症。

从医学角度来讲，一个健康的成年人，身体构成因素中有 60% 以上的水分。而身型瘦削的人，由于体内各项机体功能存在不同程度的失衡，从而导致本应留在体内的水分未经有效吸收便流出体外。这会使人体的神经纤维得不到有效的津液滋养，从而使人变得急躁，久而久之，难免会形成性格上的缺陷。

身型强壮的人都比较执着，做事一如既往，没有回旋的余地。值得庆幸的是这类人的身体健康状况比较乐观，强壮的身体总能不同程度地为他们带来一定的优势。然而有时候，面对重大事件时他们会选择用武力来解决，久而久之，便会对武力形成依赖甚至崇拜，并最终成为鲁莽粗暴的人。

从医学角度来讲，人体功能在可承受范围内是常用常新，越用越强，大脑的思维能力同样如此。身体强壮的人在体型方面逐渐得到加强的同时，也会懒于对问题进行深入思考，久而久之，便会很容易丧失应有的判断力。这样一来，简单的武力解决方式很可能会让事情更加复杂化，最终使强大的武力毫无用处甚至反而被别人利用。所以，从某些角度来看，“四肢发达，头脑简单”并不是一句纯粹带有侮辱性质的话。

20 世纪 40 年代以后，美国心理学界取得了丰硕的成果。著名心理学家谢尔登继承并发展了德国心理学，开始深入研究人体的胚层结构和体型之间的关系，从而使性格和体型之间的关系更加明确和科学。

以谢尔登的研究成果来看，人类的体型和各个胚层有着不同的联系。其中内胚层体型的人身体柔软、丰满、消化系统比较强健；中胚层体型的人肌肉系统较为强壮，全身骨骼也比较结实；外胚层体型的人则被认定为瘦削、敏感和神经系统脆弱。与此同时，三种类型性格同时作用于具体个人的概念首次被提出和逐步完善。通过对一个人的具体观察，三种类型性格在此人身上的作用比例会被做出具体评估值，而这个评估值最终将可以准确判断出此人的健康程度，如需进行相应治疗，评估数值也可以提供参考依据。

在进一步的研究过程中，谢尔登对三种类型性格进行了更加深入的阐述。其中，内胚层评估指数比例较高的综合性格的特征表现为，喜欢享受安适和闲逸的生活，善于人际交往，对食物、情感和颜面有较强需求，这在心理学中被称为“内脏优势型”性格；其次，如果是中胚层评估指数较高的综合性格，则会表现为喜欢刺激、冒险等可以使人处于亢奋状态的事情，日常生活当中也会比较冲动、冒失和极具占有欲，这在心理学中被称为“身体紧张型”性格；此外，如果是外胚层指数较高的综合性格，会表现为内向、拘谨，甚至是懦弱和自我，这在心理学中被称为“大脑紧张型”性格。

此外，科学研究证明，人类的体型会受到遗传因素的影响，而性格部分的先天遗传也会随之产生。当然，这个定义也不是绝对的，人类性格的形成毕竟主要还是受到后天生活和学习环境的影响。

对于每一个人来说，体型是外在表现，性格是内在活动，与其说是体型透露人的性格，不如说是性格决定人的体型。如果想要完善自己的性格缺陷就要从改变自己的体型开始，而在这一过程中，了解一些必要的心理学常识就显得至关重要了。

# 5

# 维护面子的方式也能暴露出男人的性格

美国特工这个群体中大多是男性，他们都对一个男人总是无法回避的问题十分清楚，它就是面子问题。美国联邦调查局第 6 任副局长 H·斯科特曾经说过：“一个男人对面子问题的重视程度，关系到他们可以胜任的岗位。”

男人的面子问题，是他们一生都要学习与经营的事业。男人如果在他人面前毫不顾忌自己的面子问题，他们的信誉将会大打折扣。而一旦他们真的在他人面前丢了面子，他们又会产生沉重的心理负担。

斯科特发现，为了维护自己的面子，男人们往往会采取不同的方法。他认为，这些不同的方法，实际上折射出他们各自不同的性格特征。

第一种男人的典型表现是，他们在与异性交往时，总是会事先计划好大概的开支，以免到时候还需要同伴掏钱。斯科特说自己就是这种类型的男人，为了维护自己的面子，每次约会，他都要将需要的花费清清楚楚地记在自己的笔记本上。

斯科特在自传中说，如果没有进 FBI，自己肯定会是一名出色的老板，因为像他这样的人有着明确的“成本控制”意识。如果一个老板总是能够预先计划好开支，员工们就能够踏实地在公司里工作，那么，他肯定能够带领自己的属下不断开拓新的业务，使公司不断发展壮大。

斯科特认为，像他这种男人会与妻子安安稳稳地度过美好的一生，不会有很多异性缘。但是，另一种男人，他们为了自己的面子，能够在异性面前花言巧语，因此总会有不少女性朋友围绕在他们身边。

这样一种男人往往十分受人欢迎，尤其是受到女性的欢迎。斯科特说他们能够将说话这门艺术用得活灵活现，总是能够抓住别人的需求。他们总是能用自己的方式夸赞他人，而不让人觉得他是在阿谀奉承。他们往往会通过有效的沟通促进事情的进展，虽说他们给人的感觉总是说多于做，然而实际上他们的办事效率经常是他人的几倍。但是，斯科特警告这种男人，务必避免“光说不练”，否则终将会是两手空空的下场。

斯科特曾经接受过一项秘密调查的任务。当时，亚特兰大市的查尔斯·霍普金斯银行发生了一件奇怪的事。

在连续两周里，银行的账目都出现了不正常的变动：先是一笔 100 万美金的款项出去，接着又是一笔相同数额的款项进来。而这两笔款项的出入手续都办得不是很完整，更奇怪的是银行账目留单上签的都是同一个名字：雅各布·班内特，当时也都是在一个名叫贾米尔·斯塔布斯的银行柜员手里完成的交易。银行行长霍普金斯先生找到斯塔布斯，询问他当时为什么不将手续做完整。斯塔布斯支支吾吾地说因为当时客户出示了自己的黄金会员卡，可以享受快捷服务。但霍普金斯仍然不能完全相信斯塔布斯的话，在他的眼里，斯塔布斯一向办事严谨。

于是他找到了斯科特，并告诉他斯塔布斯最近在银行的表现。斯科特觉得斯塔布斯十分可疑，于是对斯塔布斯进行了严密监视。

一天，他在走廊上听到银行休息室里传来清脆的杯子摔碎的声音，紧接着就是一个男人的大声咆哮。他走进去一看，发现那个男人就是斯塔布斯。他问斯塔布斯怎么会如此恼怒，斯塔布斯告诉他清洁女工在清理茶几时将他刚冲好的咖啡杯碰到了地上。

斯科特觉得，斯塔布斯作为一个男人，应该更加绅士，而不是因为他人的一个小失误就大发雷霆。但是当他想到斯塔布斯正是他正在严密调查的那个人时，他突然恍然大悟。斯塔布斯对清洁工大动肝火，其实只是在唤起清洁工对自己的重视，让她不敢小瞧自己，他这样发火是在捍卫自己的面子。

斯科特找到斯塔布斯，质问他是不是故意将银行里的钱调出去又调进来，目的就是为了引起别人的重视。斯塔布斯诧异地看着斯科特坚定的眼神，只好承认说："我在这个银行里已经干了快 10 年了，但是我总觉得我是可有可无的，根本没人愿意听我的，也没人重视我。"于是，真相大白，斯科特顺利地完成了任务。

在斯科特眼里，类似于斯塔布斯这种男人，为了维护自己的面子，不惜以故意乱发脾气的方式让他人对自己引起重视，这是因为他们性格内向多疑，怀疑自己在他人心中的地位，虽然外表给人一个火爆脾气的形象，但其实他们是一群内心脆弱、要面子的男人。

可见，看一个男人如何维护自己的面子，是美国特工读人识人百试不爽的好方法。

# 第七章　身体反应：

## FBI 教你不要忽视身体的小动作

# 1

# 女性的“专属”动作——摸胸口

在肢体行为研究中，大量的事实证明，当一个人遇到麻烦、不舒服或是感觉自己正在经受着某种威胁的时候，在他的潜意识里就会有一种自发式的自我安慰行为出现。而这种行为并非是人类专有，动物亦然，比如猫或是狗用舌头舔自己身上的毛。德国著名心理学家奥斯瓦尔德·屈尔佩通过他的研究，就证明了这一点，他说：这是因为当一个人感到或是正在遭遇着某种压力时，人类的大脑就会发出命令式的信息，而这种信息指令会首先传输给手部，所以手部就会最先做出某种回应。

自我安慰行为的表现方式其实有很多种，仅仅在肢体行为的表现中就有很多，比如常见的用手摸摸鼻子、额头、胸口，活动一下领带结，摸摸头发、脖子等等，都是这些下意识之中的自我安慰的方式。当一个人有这种无意识的行为出现时，它说明了这个人的内心正在遭受着某种突然而至的不适，正在借此来缓解内心紧张、慌乱的情绪。在 FBI 看来，这种肢体行为语言的出现更有助于他们侦探一个人的内心世界，而且能够有效地帮助他们揭穿犯罪嫌疑人的诺言，或是找出他们隐藏在内心深处不愿透露出来的某种信息。此外，FBI 从大量的实践出发，还发现这种自我安慰行为的准确率甚至是超过了测谎仪，即它们更值得相信，因为它们能够帮助 FBI 的探员们找出究竟是什么东西正在让犯罪嫌疑人感受到苦恼或厌烦。

2008 年，在美国俄亥俄州的首府哥伦布发生了一起特大抢劫案，五名歹徒持枪抢劫了一辆运钞车，并在抢劫的过程中将运钞车上的所有护送人员枪杀，因而该案件当时轰动了整个俄亥俄州。在强大的社会压力之下，俄亥俄州政府只得求助于 FBI， FBI 受命承接了这起抢劫案的侦破工作。

通过调查，他们很快就掌握了这五名嫌疑犯的体貌特征和详细信息，而且确定了这些之后，FBI 向全国各地下达了通缉令，然而几个月过去后，案件却没有丝毫进展。正当 FBI 的探员们为此一筹莫展之际，他们了解到了其中一名犯罪嫌疑人的情况。这个犯罪嫌疑人早年丧父，而他年迈的母亲前不久因心脏病发作住进了哥伦布的一家医院。

虽然这本来是一件很平常的事情，但 FBI 随后了解到，这位年迈的母亲家境原本不错，可是自从她那不争气的儿子迷恋上赌博后，家道便从此败落，此时的母亲可以说已经家贫如洗。通过对这位母亲在银行的户头调查，FBI 查找到了新的证据，就在这位母亲住院前，有一笔奇怪的巨款打入了其户头。但在他们进一步的追踪调查中他们却没有找到什么新的线索，只知道这笔钱是通过很多次的转账才划到了这位母亲的户头上，而源头则远在纽约的一家银行，接着便失去了一切信息。

但是，FBI的探员们对这一消息却如获至宝，因为这说明犯罪嫌疑人还没有离开美国逃到第二国家，而恰在此时，前去埋伏在医院跟踪调查的FBI探员得到了消息，这位母亲刚刚办理了出院手续回到了自己家中。而通过对这位母亲的邻居们的走访，FBI进而了解到，这个犯罪嫌疑人虽然嗜赌如命，但对母亲却十分孝顺，而这就意味着他在开始逃亡前，极有可能会回到家中探望一下自己刚刚做完手术的母亲。

当FBI的探员们赶到该犯罪嫌疑人的母亲居住的小镇时，当地协同侦察的警员报告说，有一个打扮很可疑的人进入了犯罪嫌疑人的家中。FBI探员当即断定，这个可疑的人极有可能就是那位在逃的犯罪嫌疑人，而他手里持有杀伤力极大的武器。于是，FBI派出了两位经验丰富的探员到犯罪嫌疑人的家里探查情况，而当他们敲开门出示了证件后，那位母亲将他们让到了屋里。

进到屋里后，FBI 的资深探员列文便开始了一系列的询问。但当他问到“你的儿子托尼在家吗”时，他发现那位母亲突然将自己的左手放到了胸口处，然后说：“我儿子不在家，他上个月就出门了。”列文继续询问，但问完一个问题后他突然又问：“夫人，你说你的儿子托尼他会不会趁你外出时偷偷回到了家中呢？”这时候，列文发现那位夫人再一次将左手放到了自己的胸口处，接着才说：“不，我想他应该不会回来的。”

就在这一刻，列文证实了自己的判断，他已经确认犯罪嫌疑人一定藏在了家中，但为了审慎起见，在离开前，列文说：“那好吧，夫人，既然您已经确定您的儿子不在家，那我们就告辞了。”而这一次，那位母亲的手再次下意识地抬了起来，但在接近胸口的时候她好像意识到了什么，又将其放了下来。但是列文发现，她放下手来的动作显得有些僵硬。从这位母亲的家里出来后，FBI 的探员们很快勘探了周边环境，而后折回犯罪嫌疑人的家，一番搜查之后，他们在一间隐藏的密室里抓获了托尼。抓获托尼后，根据托其供述，FBI 们成功抓获了其他几名罪犯，很快告破了这起轰动一时的抢劫运钞车的大案。

列文的经历再一次印证了肢体行为语言在侦破案件中的作用。如果不懂得肢体行为变化中所折射出来的真正意义，列文就很难在这次看似普通的询问中发现老夫人左手触摸胸口时所透露出来的这种心理上的微妙变化，从而也可能因此而错过了犯罪嫌疑人托尼回家探望母亲的这一千载难逢的良机。

在肢体行为语言研究中，因说谎、烦躁、紧张等心理导致的自我安慰行为——比如在列文侦破的案件中，老夫人触摸胸口的动作，仅仅是女性做出的一种安慰动作。也就是说，触摸胸口这样的安慰动作是女性的“专利”。据列文事后讲，当人心里出现紧张情绪时，其所做出的一些安慰行为，有时候并不是固定在某种单一的行为动作上，可能会因人的习惯的不同出现几种动作交叉出现的情况，但无论对方做出什么样的手部动作，只要你留意到对方是在出现某些关键性的问题时所做出的这些举动，那么也就等于是对方在用他自己的肢体行为提示你他是不是在说谎。

# 2

# 身体距离多远，心就距离多远

顾名思义，身体的摆动就是指人身体前后左右的晃动。或许有人会问，人为什么要前后左右地晃动呢？也许是“他们习惯了”或者“他们在运动”。当然，这是很形象的一种说法，实际上它也是人们表达内心感受的一种身体语言，无论是后退、前倾还是亲近、疏远，都表明了一个人是否想与别人走近的心理。有的时候，身体的疏远比语言的犀利还要深刻。所以，人们可以从身体之间的距离变化来看出人们之间心的距离。

最明显的例子就是陌生人之间，人们从来不会让自己和一个陌生人的距离过于接近。如果一个人由于某些不得已的原因或者无意中和一个陌生人靠得太近，就会不自觉地后退或者是向旁边移动，直到觉得合适，拥有了“私人空间”为止。所以在电梯中被别人挤到的时候，人们会赶紧移到角落中，并且内心感到十分焦虑，很想尽快走出电梯，因为他们感到有人闯进了自己的私人领域。此外，这种向后退的举动也常出现在熟人之间，当两个人因为某件事讨论激烈、意见相左时，就会下意识地远离对方，捍卫自己的一片领土。

另外，这种拉开距离的情况还会经常出现在一些犯人身上。据泰国警察透露，在一次审问贩毒团伙中的嫌疑犯时，他每次提到一个人名，本来没有什么反应的罪犯都会不自觉地将身子往后挪一挪，所以他认为这个人名一定与犯罪集团有关，于是开始全力追查，终于在那些人逃离出境前将其捉获归案。后来，这名泰国警察说：“那个罪犯之所以听到那个名字往后退，肯定是因为他心里感到极其不安，想与我拉开一些距离，不让我观察到他的情绪变化。而他当天大部分时间都是低着头，我根本看不到他的表情，还好他的身体出卖了他。”显然，罪犯向后移动的身体表达出了他急于撇清的心理，是他正在撒谎的一个表现。

拉开距离还是表达反对对方观点的一种非语言方式，表示“我不想接受你的观点，我要远离你”。在一些讨论辩论赛中，人们总能看见每组成员之间的距离都非常近，而不同组之间则离得非常远。在一段有关美国共和党竞选辩论的视频中，当出现意见分歧时，候选人员还是将身体向后移动以表达自己的否定意见。所以这也提醒大家，在表达某些观点时，如果对面的听众在不经意间将身体往后移动了，则说明你的演讲出现了危机，必须要及时补救了。

相反，如果对于喜爱的东西、熟悉的人物等，人们会很愿意将身体向前倾向对方。但是生活中还有这样一群人，他们性格比较内向，无论何时都不喜欢向别人靠近。例如在家里或者公共场合，只要有人试图接近，他们总会在不经意间将身体移动到安全的距离。如果任何人不经过允许擅自靠近甚至是触碰，他们会极其厌恶；通常第一次会隐忍，而如果再发生，他们就有可能做出过激的行为。德国著名心理学家赫尔巴特经过研究发现，这样经常将身体撤离的人，性格孤僻、生性多疑，不会对任何人抱有信任的态度，而这种习惯的养成，与他们的家庭环境有关。他们可能从小就失去了父母的关爱，在缺少亲情的环境中长大，以致内心深处不会对任何人、任何事抱有希望，而他们保护自己的方式就是远离任何人。

如果发现有些人总是不停地移动身体，似是逃离人群，这时候人们就要注意观察，看出他的心思，以免造成彼此的尴尬。想与这种人交往时，一定要首先取得对方的信任，让对方打开心门，主动靠近自己，这样才能与他们成为真正的朋友。皮埃尔神父就曾经通过识别这样的身体语言挽救了一个女孩。

皮埃尔神父是法国著名的慈善家，他被誉为“最受欢迎的法国人”。他常常出现在法国的各个角落，传播爱心，关注那些无家可归的人。一次他到图卢兹附近的一所小学里参观，受到了老师和学生的热烈欢迎。在这期间，他注意到了一个女孩——她虽然总是表现得很外向的样子，但是只要有人想接近她，她就会将身体后移，远离试图靠近她的人。

皮埃尔神父想要弄清楚这到底是怎么回事，于是便向女孩的老师询问起这个女孩的情况。老师告诉他，女孩并没有什么问题，平时性格也很开朗。可是神父觉得，事情并没有那么简单，虽然小女孩表面上显得很开朗，但是她的身体却撒不了谎。于是，神父建议老师最好去小女孩的家里做一些调查。

一个星期后，当神父再来时，答案便揭晓了。原来小女孩生活在一个父母离异的家庭中，在后来重组的家庭里，小女孩经常受到继父的虐待。后来，女孩在神父和学校的帮助下，拥有了新的生活，她虽然笑容仍是不多，但是她的身体已经开始向他人靠近了。

由此可见，想要了解他人，不能简简单单地从表面上认识，而要从他的举止动作中分析，即使是不明显的身体移动也不可忽视。因为身体的任何动作，都代表了对方的心理及思想变化。无疑，这也说明了，人与人之间心的距离，实际上就是彼此之间身体的距离。

# 3

# 联邦特工教你识别孩童时期的肢体语言

美国麻省理工大学心理学教授费尔德曼曾多次对FBI探员进行培训，在培训期间，他曾讲述过这样一个小故事：自然界中的小兽在母兽离开巢穴之时，由于缺少了和母兽之间的互动和交流，会逐渐变得安静。在这种情况下，小兽本能地限制了自身的活动，从而让自身的新陈代谢和营养消耗都得以降低。其实，它们这样做的目的是尽量保存体力，让自己活得更长一些，因为它们不知道母兽什么时候才能返回巢穴。在这段时间里，小兽由于母兽不在身边，发育往往会相对迟缓一些。其实，费尔德曼教授想要告诉人们的是，不仅对于小动物，对于儿童来说，与母亲的亲密交流就好比像阳光和食物一样不可或缺。他认为，相对于语言交流，身体方面的交流是人类更原始、更本能的沟通和交流方式。

费尔德曼经过研究发现，在人与人之间进行的一场完整的沟通和交流中，肢体语言占据了相当大的一部分，而语言仅占很小的一部分。对于幼小的孩子来说，父母的肢体语言所占的比例还要更高，这是因为孩子的语言发育还没有完全成熟，他与外界的交流基本上依赖肢体得以完成。在大多数情况下，孩子更愿意也更容易接收来自外界的非语言交流，而他们也更擅长用肢体语言传递自身所要表达的讯息。费尔德曼经过多年的分析和研究，总结出了一些在小孩子身上会经常出现的肢体语言：

（1）吮吸手指。

在费尔德曼教授看来，孩子如果做出吮吸手指的动作，表明他们的内心感到了不安或者紧张，吮吸手指是他们自身做出的一种自我“安慰行为”。在这种情况下，家长就要对孩子投入更多的关注。或许很多人认为，孩子吸手指没什么大不了，是一种正常现象。在费尔德曼看来，有些孩子吮吸手指是对吮吸母乳、吮吸奶瓶的延伸，是一种本能动作。不过对于大多数孩子而言，一段时间以后，这种动作就会自然而然地消失。需要提醒的是，如果一个平时不吮吸手指的孩子，在某一段时间里反复地吮吸手指，那么这就可能是他们的“安慰行为”了，也就是说，他们的心理或许产生了不安或恐惧了。如果出现了这种情况，父母最好回想一下，孩子最近是否经历了什么不愉快。而费尔德曼建议父母，看到这种现象，不要强行将孩子的手指拿下，否则会加重他内心的不安和恐惧，导致孩子的这个动作成为习惯。其实，孩子需要的或许是父母更多的关注。如果没有从父母身上得到关注，就会用叛逆、闹事等方式来寻求父母的关注。

（2）手臂冻结。

很多时候，当原本积极主动的孩子变得不积极，甚至是呈现出回避态度时，就说明他们的心理出现了一些波动。比如孩子每次在和家庭成员碰面时，都会无比热情地和每个人拥抱，但有一天，他忽然躲开了家庭成员的拥抱，或者冷淡地拒绝了家庭成员的牵手等。此时，孩子的这些肢体行为就表明他正在偏离自身的基线行为（即正常行为）。或许当孩子出现这些肢体动作后，父母会用“你怎么这么不懂事”“太没礼貌”之类的指责话语批评孩子。其实，孩子的反应正说明他感觉到了外界的某种威胁或者经历了让他们害怕的事情等。因此，父母不能一味地指责，让孩子感觉到更深的孤独，而要与其加强沟通，帮助他尽快消除内心的不安或恐惧。

（3）伸展躯干。

现实中，一些孩子经常会将躯干伸展开来。这是因为做出这一动作以后，他们会感觉到舒适。费尔德曼将这种伸展躯干的动作称为“领地宣言”，也就是说，当孩子在受到父母或外界的责难或者惩罚时，将四肢伸展开来，这就意味着他们想对抗权威。假如孩子在面对一些严肃问题时也有这样的表现，父母可以要求他立刻坐直；如果这种方法无效，可以坐在他椅子旁边（等于侵入孩子的领地），在这种情况下，孩子为保护自己的领地就会马上坐直。费尔德曼认为，如果没有及时管教孩子，孩子就很可能会藐视父母的权威，对父母越来越不尊重，如此一来，必将影响他们以后的成长。

（4）非常活跃的脚部动作。

费尔德曼认为，从交谈中两个人脚尖的朝向位置，就可以大致判断出双方是否友好，谈论的话题是否协调等。生活中，很多成年人一直会有这样的肢体动作，比如一个人正在接听别人的电话，话语中透露出谦虚，可脚尖却在不停地跳跃，这就说明他们的内心存有激动的心情。同样地，在孩子身上也可以找到缩影。比如孩子的上半身或许正趴在桌子上安静地吃午饭，可双脚却朝向了门口的方向，通过这个动作就可以看出，孩子多半是想出去和小伙伴一起玩。显然，在这种情况下，父母可以对孩子说："专心吃完饭就可以出去玩。"

听罢此话孩子可能会平静地和父母对视，表现出一副相安无事的模样，可他们的脚部动作此时却变得更加活跃，由此便可看出其内心的激动和高兴之情。

# 4

# 孤独女性的肢体语言

将梅花比作内心孤独寂寞的女人，是再恰当不过了。这样的女人，外表给人的感觉好像梅花一样，清冷，高傲，宁可枝头抱香死，不愿吹落北风中。但在FBI资深特工梅里特·菲欧看来，这种外表像梅花的女人，内心实际上是非常脆弱的。她们表现出的高傲态度，也只不过是为了保护自身不受侵犯而戴上的一层面具。那么，这样的女人在身体语言方面会传递出哪些信号呢？

梅里特·菲欧进一步表示，这样的女人看上去和善温顺，其实内心有强烈的孤独感。她们往往不断地改变自身的发型，并盲目追求社会上的流行风气，甚至会将自己打扮成男人的模样，还煞有介事地手夹香烟，吞云吐雾。

一般情况下，大多数男人看到这样的女人后，会像躲避瘟神一样远离她们。由于这样的女人大多是深怀自卑感的人，内心也是异常脆弱的，所以她们非常容易受到男人的甜言蜜语的引诱，也更容易上男人的当，坠入到犯罪的深渊中不能自拔。而梅里特·菲欧对FBI进行培训时就说过这样的话："犯罪活动的背后常常会有女人的身影。"

梅里特·菲欧认为，这样的女人非常在意别人看待她们的目光，她们将自己打扮成男人模样或者有意效仿男人的举动，都说明她们将自己当成和男人一样强大的人。而在和别人说话的时候，对于那些不懂的事情，她们也要装成一副什么都懂的样子。此外，她们自我触摸的动作比一般人也要频繁（以此排遣寂寞）。而在和别人说话的过程中不断触摸嘴巴或者用手托着下巴的女人，大多是内心强烈孤独的人。

梅里特·菲欧在研究中还发现，女人的卧室，其实就是她的私人领域。也可以说，女人的房间就是她身体的延长。尤其是内心孤独寂寞的女人，她的房间布置就体现了她的内心变化。把房间收拾得一尘不染，可以说是一种与自我亲密的表现，从心理方面来说，这与"触摸下巴""摸嘴唇"等小动作一样，因而，这类女人的房间天天都会被打扫得很干净。或许她们是想借着不断地"触摸"自己的房间，来达到消除内心寂寞的目的。

那么，如何才能从身体语言的角度，识别女人内心的孤独和寂寞呢？除了在前面提及的，还可以从女人的一些漫不经心的小动作上，去看透她的内心世界。比如在跟她谈话的过程中，她如果不停地用手抚弄头发、轻咬手指或者经常摸自己的耳垂等，那就说明她在借自我触摸来达到心理上的自我安慰。此外，内心孤独寂寞的女人，在很多时候也是极为神经质的，对于自己和他人都有着过度的敏感性——她在心里经常会想"别人为什么要用如此异样的目光看我"等诸如此类的问题。

梅里特·菲欧认为，通过女人直接触碰自己身体的动作，可以很容易看清她们的所思所想。但在生活之中，一些女性虽然性格孤僻，但在和别人的交谈中并不经常触碰自己，那么我们又该如何看透这一类女人的心灵隐秘呢？在梅里特·菲欧看来，这样的女人，在和其他人沟通时，会发出一些特殊的信号。这些信号包括：一边看着对方，一边快速地眨眼睛；跷起二郎腿，然后又放下；不停地用手折着手中的纸片；把玩手中的钢笔……

她们做出的这些小动作，虽然不是直接的自我触摸，但这就好比她们认真整理房间，也是一种间接的自我触摸，而她们这样做的目的或许就是为了掩饰自己内心的孤独和寂寞。

很多时候，女人们对于自己做出的这些小动作或许并不会在意，可只要你是一个善于通过人的肢体语言识别人心的人，那么，想要解读一个女人的心理状态，通过以上动作就可以达到目的。

# 5

# 通过坐姿读懂一个人的内心

除了一些特殊工作之外，人们每天大部分的时间都是在安坐中度过的。而如何坐却有着非常大的学问。尤其是在一些特殊的场合，面对特殊人群的时候，坐姿将会如实地把一个人的内心世界及心理特征展示给对方。因为当内心发生变化的时候，每个人都会不自觉地把坐姿调整成适合自己心理的状态。这样一来，人们就能够通过坐姿看出一个人的心理。

人的坐姿也是千差万别的，有的人喜欢正襟危坐，有的人喜欢跷起二郎腿，还有的人喜欢双脚并拢。此外在一些非正式场合，很少会有人挺直腰杆，全身动也不动地坐着，这实际上暗示着，这类人的内心是舒适、自在的。

然而，在公园或者是在车上这种自由的空间内，人们会发现有人的坐姿虽然整体看上去很自在，但是他的双腿并拢，脚跟相交两只手紧紧地抱着膝盖。这说明了三种情况：第一种是这个人对于周围的环境感到陌生、不熟悉，从而在心理上有所防备，甚至有一点紧张；第二种是在忐忑不安地等人，这个人有可能是自己的伴侣，也有可能是将有什么事情发生。很多警察在办案时都会观察嫌疑人的坐姿，从而观察出他们的心理状态。瑞士国家大学心理研究学院经研究发现，人们说谎时会故意限制自己的某些动作，以免它们透露出自己内心的不安；第三种情况就是这反映出了一个人的性格，也就是说这个人的坐姿向来都是显得很拘谨的。这种人一般性格内向，为人谦逊，对于自己的情感世界很封闭。但是由于他们时常为别人着想，做事踏实，因此受到很多朋友和同事的欢迎。

还有人在这种坐姿的基础上，将双脚反缠在椅子腿上，两手紧握着椅子的两边。这个坐姿向人们传达的是，这个人此时的心理是极度地不适或焦虑不安。例如在医院的走廊里等候亲人时，人们通常会认为那些来回走动的人是最不安的，实际上那些在椅子上坐着的人同样不安。因为只要人们仔细观察就会发现，他们的腿和脚正紧紧地缠在椅子腿上，而手则扶着把手，由于太过用力，手指已经微微发白。

与之相对，有一种坐姿被称为“悠闲型的坐姿”。这种坐姿在社交及一些非正式的商业会议中很常见，即人在椅子上半躺而坐，双手抱于脑后，看上去怡然自得。首先这种坐姿的人通常都很随和，不斤斤计较，所以他们有很多的朋友，而且对朋友十分慷慨真诚。这种人整体看上去虽马马虎虎，但实际上却非常精明，并且很有毅力，能够控制自己的情绪；其次，一般在会议、与人谈话或者是有外人接近时，一个人突然将坐姿调整成“悠闲型”，则说明谈话的内容或者刚介入谈话的人对他有极大的影响，并且这个影响已经威胁到他的心理防线，因此他要用这样的坐姿来扩大自己的“领地”，彰显自己的威严，告诉别人“这里是我的地盘，谁也不许靠近”。也正由于这种坐姿所传达的这种含义，所以当一个人遇到了长者或者上司时，如果不想破坏自己的形象，就一定要戒除这种坐姿。

还有一种坐姿与这种“悠闲型的坐姿”不同，它显得极其拘谨且很正式。习惯于这种坐姿的人，会让人感觉他们的生活时常处于警惕的状态。日本著名寿险推销大师原一平在他的推销生涯中，就曾遇到过这样的人。在推销时，原一平经常通过人的坐姿来选择推销方法。

有一天，一位男子慕名来到原一平的保险公司咨询。当时有一名业务员接待了他，他们在咨询室内谈了整整两个小时，可是仍没有什么结果。至此，这名业务员明显有些吃力了，他把该说的都说了，可是对方仍没有要投保的趋向，只是不停地询问。而原一平则在办公室内透过监控器看到了他们谈话的情景，并注意到这名男子在这两个小时内，基本上没有改变过坐姿。他的坐姿是两腿及两脚跟并拢靠在一起，双手交叉放于大腿两侧，偶尔会动一下。原一平分析得出，这个姿势明显是对自己的保护意识特别强，他不会轻易地相信他人。再加上他长时间都未改变这种坐姿，说明此人十分谨慎，而性情固执，从不愿接受别人的意见。这种人虽然对保险有非常大的渴望，但是他要找到更多的理由来说服自己，因此才在这里不停地咨询。显然，此时的坐姿表明他的整个情绪正处在一个反抗的阶段。因此接下来，原一平让人告诉那名业务员可以倒一杯水给那名男子，然后再带他四处参观，总之要让这名男子改变他此刻的坐姿，进而转移注意力。后来，男子的情绪渐渐倾向于业务员，对业务员所谈的内容不再抗拒，最终选择了投保。

可见，原一平正是通过那名男子的坐姿看透了他的心理，才让业务员改变了推销方式，最终成功地完成了这笔业务。

此外，心理学家还发现，从人坐下时的动作中也能对人的心理探知一二。有的人喜欢猛然坐到椅子上，这种人看上去虽不拘小节，但实际上这是对自己紧张心理的一种掩饰。尤其是面对陌生人，他们经常用这样的方式掩饰自己，等到他们坐上椅子之后，便开始不安地蠕动起来，直到将身体重心移动到椅子的三分之一处。还有一种人在坐下后，上半身总是不自觉地左右晃动，这说明了此人没有定性，性情时常烦躁不安。与这种人讲话，会让对方有一种随时想要逃离的感觉。

还有人喜欢轻轻、浅浅地坐在椅子上面，通常公司里的助理都会保持这种坐姿。因为他们的工作要求他们随时都能起身，并且这种坐姿会为他们的工作加分。如果人们看到一个助理在工作期间十分安稳地坐在椅子最深处，那么此时人们会做何感想呢？毋庸置疑，人们肯定会认为这个助理的工作太清闲或者他的业务不过关。所以如果看到一个普通人这么坐着，那就说明他是一个十分勤快且没有安全感并生性多疑的人。

通过以上介绍，想必大家对于坐中看人的这种读心策略已经有了一定的了解。然而需要注意的是，无论在何时何地，都要从当时的客观实际出发。正如从坐中看人，有时也要排除天气及人的健康问题，这样才能准确地分析出一个人的心理状态。

# 6

# 身体倾斜所代表的含义

谈话的过程中，身体倾斜是一种常见的行为，身体倾斜的意义也因情况的不同而有所差异。FBI 认为，和其他的身体部位一样，当人们感受到威胁或遇到危险的时候，躯干在第一时间会下意识地朝一边倾斜，这是一种逃离危险的行为。

身体倾斜实际上是一种“逃跑反应”，只不过在日常生活中，人们对逃跑反应做出调整，使得自己逃跑的意图不那么明显，但最终的目的都是为了避免伤害，远离不安全的人或事物。比如在讨价还价的过程中，当听到对方不合理的报价或者当对方的报价对自己构成威胁的时候，人们很可能下意识地将身体倾向相反的方向。有时还会伴随各种细微的动作，比如闭眼、揉眼等表示惊愕、怀疑的意思。

FBI 的心理学专家认为，当人们将自己的躯干转离身边的人或者事物时，表明他们对身旁的人或事物不感兴趣，甚至心生厌恶之情。比如历史纪念馆陈列很多反映法西斯恐怖行径的艺术品，当人们观看这些具有历史纪念意义的作品时，他们对这些展品的反应是不同的：有些人可能会近距离地仔细观看；有些人在靠近展品时则略显迟疑；还有很多人看过一会儿干脆转身离开，显然在看到法西斯的恐怖和残暴后，他们心里感到很不舒服，因而选择离开。诸如这些躯干的逃离动作都是相对明显的，有时候，人们在表达自己的厌恶以及反对意见时，躯干的倾斜也会表现得很突然、很细微。举个例子来说，当两个人在情感上产生摩擦的时候，他们的身体接触会很少，即便坐在一起，也会将彼此的身体倾离对方。

在长期的侦查实践中，美国特工发现，身体倾斜的姿势反映了一个人的心理状态以及性格特点。通常情况下，一个人身体的倾斜有着较为明确的意义。比如当一个人步履缓慢，头部低垂，身体前倾，双手交握在背后时，他可能心事重重，不想被人打扰；当他在行走的过程中突然停下来踢路旁的一个空瓶子或者小石子，多半是烦恼、忧闷的表现。而在日常生活中，当人们面对一个自己不喜欢的人时，身体会自然地倾向远离对方的一侧。

比如乘坐火车和地铁的时候，很多人会故意做出一些令人厌恶的动作，有些人坐着会不停地摇摆自己的身体 ，有些人甚至对别人“动手动脚”,而其他的人明显不愿意与这些行为古怪的人站在一起或者坐在一起，他们会下意识地将自己的身体倾向一边，以避免和这些人接触。

实际上，在日常交往中，这种身体倾斜的情况很常见，当你和几个同事坐在一起聊天，而刚好又是你发言的时候，同事们都将身体靠在椅背上，专心地听你说话。突然，你发现有人将身体从椅背上移开，身体前倾，并且双腿移向后方，更加专注地倾听你的谈话，这表明他可能对你说话的内容十分感兴趣。而当两个人正在交谈时，如果其中一个人突然想去做其他的事情，他就会有意识地将自己的身体朝向门口，并做出身体前倾的姿势，这时，他可能是在暗示对方他要出去一下。

在社交场合中，躯干非语言行为的表现方式总是十分多样化的。尤其在会议和讨论中，人们躯干倾斜的行为更为常见。那些观点一致的人们往往会亲密地坐在一起，身体也会倾向对方，做出腹侧前置的姿势；而当人们的观点产生分歧时，他们会控制自己的身体不向对方倾斜，有时候还会将身体偏离对方。

FBI 的心理专家提醒人们，在与人交谈中，那些身体前倾的人往往更能传递热情，给人一种专注倾听的良好感觉。因此，在与人交流时，如果你想向对方表示自己正在全神贯注地倾听，那么，最佳的姿势就是身体前倾，并做出思考者的姿势；如果你想表示自己对别人的谈话饶有兴趣，那么就可以做出身体微微前倾的姿势，并将目光集中在对方的脸上。在商业谈判中，如果一个人想尽快地结束谈判或离开，他会将自己的身体斜向门口，而当你在谈判过程中发现对方身体有这种倾向的时候，就应该适时地停止谈话或者转换其他的话题，以吸引对方的兴趣。如果对方还是做出这种身体倾斜的姿势，那你就要按照自己的条件结束谈判，以便自己可以更好地控制整个谈判的局势。

美国联邦调查局的专家经过多年的研究认为，人体躯干的倾斜往往会以“腹侧否决”的形式出现。由于人的身体前侧聚集着人体最为敏感的器官，因此，在面对自己喜欢或者讨厌的人和事物时，身体前侧的动作会发生不同的变化。

在与人交谈的过程中，当人们喜欢身边的人，并对其谈论的事物感兴趣的时候，身体前侧就会倾向对方；当人们感觉形势不好，不喜欢对方谈论的话题，甚至是反对对方的观点时，腹侧否决行为就会出现，人们可能会转换姿势，甚至离开。

与“腹侧否决”相反的是“腹侧展示”也称“腹侧前置”。当人们面对自己喜欢的人或事物时，就会做出腹侧前置的姿势，身体会向前倾斜，而双腿往往会向后缩。这种姿势通常代表友好，并且给人很舒适的感觉，也能让对方感受到彼此间的默契和热情。

美国特工提醒人们，在多半情况下，身体前倾的姿态代表一个人的善意心理。但也有例外，比如如果一个人的身体前倾的同时，脖子也向前伸，那么此时这个人很可能在生气。尤其当对方的下颌朝前翘起，并伴随有双拳紧握的姿势时，可以肯定对方一定是生气了。这个时候，往往他的面部肌肉也显得十分紧张，明显摆出一种要进攻的姿势。

美国特工认为，了解不同情况下身体倾斜的不同含义，不仅能够帮助人们控制自己的肢体，而且还能在瞬间把握对方的心理变化，从而提高交际的质量。因此，当人们在与别人交谈或谈判时，应该随时留意对方身体的倾斜方向，及时发现交流中出现的问题，以避免不愉快或者尴尬场景的出现。

# 7

# 关键时刻，用气场征服对方

2009 年，美国得克萨斯州胡德堡陆军基地发生了一起骇人听闻的枪击案。此次枪击案共造成 13 人死亡，数十人受伤。然而，令人意想不到的是，凶手竟然是该基地一名叫达尔·马利克·哈桑的军医。在凶手被抓获之后，德克萨斯州的警察便对其展开了审讯，可是在审讯过程中，凶手却始终低着头，一言不发。于是，审讯被迫中止。万般无奈之下，德克萨斯州的警察请求 FBI 协助调查。

当经验丰富的 FBI 探员站在凶手面前时，该凶手仍然低着头，沉默不言。此时探员意识到，这名凶手具有极强的心理素质，如果贸然对其展开讯问，可能会毫无收获。所以，在这种情况下，探员并没有直接对其展开审讯，而是用威严的眼神和冷漠的表情像恶狼似的紧紧死盯着凶手。刚一开始的时候，凶手对这位 FBI 探员根本不屑一顾，甚至还带有点嘲笑的意思。但是，探员突然转过身来，整理了一下自己的衣服之后，就开始围绕着这位凶手踱步。

他一边走着，一边还故意让军靴发出巨大的声响，与此同时，他的眼睛还十分凝重地盯着凶手。一圈，两圈，三圈……当探员转到第十一圈的时候，凶手突然抬起头来大声喊道：“不要走了！”并用双手用力地抱住了自己的脑袋。

此时，这名探员停下了脚步。然后，他快速地走到凶手的对面，并坐了下来。与此同时，他还从桌子上拿出一支烟来，并故意把点火动作的幅度做得更大一些，然后向凶手吐了一个烟圈。凶手闻到香烟的味道之后，非常冷静地抬起头来，瞟了一眼坐在对面的 FBI 探员，然后如释重负地说：“给我一支香烟，我说！”

此时，这名探员终于露出了胜利的笑容，并把香烟给凶手递了过去。当凶手接到香烟之后，颤抖着点着烟后，让烟气在喉咙里打了一个圈后，终于交代了他的犯罪经过。

在与凶手的对话中，负责该案件的 FBI 探员得知，凶手虽然非常抵触被派往伊拉克，但还是愿意为那里的士兵提供心理辅导的。凶手还表示，导致他行凶最直接的原因是由于他信奉伊斯兰教，却经常遭到别人的侮辱和欺负，甚至在一些公开场合，他的谈话都会遭到别人的嘲笑。而正是出于这个原因，他才产生了报复心理。在别人眼中，他就是一个制造笑柄的人，因此没有人愿意和他交往。这些外界的因素都加重了他的心理压力，以致他最终用制造枪杀案的方式释放了掩埋在自己内心深处的巨大压力。

通过这个案件可以看出，FBI 探员仅仅凭借自身的强大气场就使凶手供述了犯罪的经过，那么他究竟是如何做到的呢？为此，FBI 总结出了这样一些心得：

（1）不要直接对那些不愿主动交代的犯罪分子实施讯问。

很多时候，有些犯罪分子实施犯罪后可能不会主动向警察供述自己的犯罪过程，这样的犯罪分子大多存有侥幸心理。据 FBI 心理研究中心的研究报告显示，这样的犯罪分子一般都具有超乎常人的心理素质，他们绝不会主动交代问题，而总是选择负隅顽抗。在 FBI 看来，对这样的犯罪分子不能采用直接讯问的方式。因为当这些犯罪分子产生“心理疲劳”后，他们是很难回答那些被反复提及的问题的，因此便会出现拒而不答的情形。如此一来，对案件的成功审理就带来了负面影响。FBI 在讯问这些犯罪分子的时候，往往不会直接对他们进行讯问，而是用自身散发出的气场让犯罪分子主动交代自己的罪行。

（2）多说不如少说，少说不如不说。

也许很多人对这样的处理方式感到莫名其妙。因为在他们传统的意识中，如果什么也不说的话，怎么能从犯罪分子口中得到有价值的信息呢？但在 FBI 看来，多说不一定就能得到有价值的信息。因为不排除一些犯罪嫌疑人对喋喋不休的谈话感到厌烦，如果这样的话，还谈何从其口中得到有价值的信息呢？因此，FBI 认为，在适当的时机，要学会少说，甚至不说。因为只有这样才能给对方一些神秘感，给对方的心理造成一定的压力，从而从对方那里得到有价值的信息。

（3）无声的身体语言往往能带来事半功倍的效果。

在 FBI 看来，在与犯罪分子交锋的过程中，并不是任何事情都需要用大喊大叫的方式来展开的。相反，用无声的身体语言往往能带来事半功倍的效果。比如，通过威严的眼神让犯罪分子的心里产生畏惧；通过握紧拳头向犯罪分子传递出力量，让其丧失反抗的心理；通过脚上穿的鞋子制造出让犯罪分子心理防线出现松动的声音，让其乖乖坦白自己的罪行。而这些在与犯罪分子交锋的过程中往往都能得到事半功倍的效果。其实说到底，都是气场在发挥作用。

在 FBI 看来，一个人拥有气势不如拥有气场，因为气势只能从表面唬人，决定不了任何事，而气场则是一个人内在的表现，在对案件的审理过程中会起到至关重要的作用。那么，人们可以通过什么方式来建立自己的气场呢?

FBI 认为，只有敢于向前，勇于追求自己的理想，才能使自己的气场表现得势不可挡。勇气是一个人最大的魅力，它好比一股神秘的力量，使一个人能坚持到底地去追求自己设立的目标，并征服周围的一些人；它会让一个人永远不满足，而每当你达到一个新高度时，它便会召唤你向着更高的方向去追求。

当一个人拥有强大的气场后，周围人就会对你刮目相看，甚至会对你心生恐惧。

“勇气能最大限度地发挥出自身内在的爆发力，而这正是震慑对手心理的绝佳方法。”FBI 经常用这句话激励探员们。可在实际生活中，有些人各方面都比较优秀，唯一不足之处就是缺乏正视别人的勇气，即与别人交往时缺少一定的勇气，往往表现得神情慌张，眼睛四处环顾。这主要是因为他们感觉到自身能力不及对方。

当与人交往时，注视别人的眼睛是最起码的礼貌。注视别人的眼睛说明此人是坦诚的，对他人也是尊重的。可很多人没有勇气正视他人，也很难将自己的真实想法表露出来。由于这些人过多地约束自己的言语，以致他们不能感染到别人，更无从谈及震慑人心。因此，在 FBI 看来，没有勇气正视别人，就说明这个人不敢正视自己，同时也暗示着这个人的内心是自卑的，这其中的原因可能与这个人的家庭背景有关，比如从小便生活在父母百般的呵护中而缺少独立生活和社交技能的培养。此外，还可能与心理因素有关，比如当他们尝试去做某一件事情时，在遭遇失败的同时还受到了其他人的嘲笑，这就使他们再也没有勇气去尝试做那件事情了；也可能是对自身的外貌和性格没有信心，他们认为别人不愿意与一个其貌不扬的人交往，久而久之，他们就会认为“自己不够好”。

为了能够帮助这些人克服恐惧，增加勇气，FBI 给出了这样一些方法：

第一，做好心理暗示。一个人在与他人交往时若希望自己有勇气正视对方，就需要在注视别人之前做好心理暗示：“我是一个坦坦荡荡的人，心里没有鬼就不怕别人看。”一般情况下，通过这样的心理暗示就能有效缓解内心的恐惧。

第二，学会转移注意力。注视对方的眼睛时，对方的眼神可能是十分锐利的。在这种情况下，为了避免对方的眼神“伤”到自己，要学会转移注意力。

比如避开别人正视的目光，以对方的眼睛为界限，将目光转移到对方的额头或鼻子上，在避开对方锐利眼神的同时也保护了自己。

第三，不惜一切代价抢占先机。FBI 认为，在与对手交锋时，谁能抢占先机，谁的胜算就会更高一些。通常，能抢占先机的人往往也具有一定的勇气。比如 FBI 在审讯一名犯罪分子时，不仅会用锐利的目光直视犯罪分子，还会配合一些身体语言。而当犯罪分子看到这些后，心理上就会受到一定的影响，从而更容易供述出自己的犯罪过程。

以上这些都是 FBI 总结出的苦练气场的方法，而且 FBI 通过实践后证明，以上的这些方法是适用于大多数人的。相信越来越多的人通过学习这些方法，能给别人展示出自己全新的姿态。因为只有用自身强大的气场感染到别人，才能震慑住别人，就像 FBI 探员一样，不说一句话，仅仅是通过自己的沉默，就攻破了对方的心理防线。

# 8

# 交叉双臂是一种自我保护意识的反应

现实生活中，交叉双臂是一个常见的动作，而交叉双臂表示的含义也很多。FBI 认为，一个人如果交叉双臂，除了表示一种自我保护的心理之外，还有另外一层深刻的含义，那就是掩饰内心的不安、紧张与恐惧。在 FBI 看来，当一个人感觉有危险降临的时候，通常会下意识地用手臂和其他事物作为壁垒，以此来抵抗外来的危险，进行自我保护，寻求内心的安全感。

FBI 认为，通常情况下，在与人接触时，人们都会比较自然地将双臂放于身体的两侧。而双臂交叉往往是一种敏感的信号，是一种自我保护意识的反应，通常这种行为表现的是一个人内心的恐慌与不安。

在 FBI 看来，不同的双臂交叉姿势，反映了不同人的心理状态。因而，正确把握双臂交叉的含义后，你就能读懂对方内心的想法。通常，双臂交叉主要有以下几种方式和意义：

（1）简单的双臂交叉。

FBI 认为，人们为了疏远自己不喜欢的人或事物，通常会下意识地用手臂或其他事物阻挡外界事物的侵袭。这是一种躯干保护行为，同时这种行为也表示对方不喜欢与你交流，有拒绝的意味。与这类人交流的时候，一般不容易接近他的内心。

（2）握拳式的双臂交叉。

FBI 的第二任局长路易·帕特里克·格雷认为，握拳式的双臂交叉，代表的是一种明显而强烈的敌意。这种双臂交叉的特点是双臂环抱于胸前的同时，双手紧紧攥成双拳置于腋下。如果一个人做出这种举动，那就意味着此时的他不仅仅有防御意识，同时内心还充满了强烈的敌意；如果一个人在做出这种姿势的同时，还面带紧闭双唇的微笑，甚至是咬牙切齿、面红耳赤的表情，那么，接下来很可能就要上演一场口舌之争，甚至是一场更加激烈的打斗了。在这种情况下，人们要学会用一种委婉的方式寻找出导致对方情绪激动的原因，同时还要不断地安抚对方，防止事态进一步恶化。

（3）抓握式双臂交叉。

FBI 认为，抓握式的双臂交叉显示了一个人内心的不安与紧张，其明显的特点就是在交叉双臂环绕于胸前的同时，两只手还紧紧抓住两只上臂。这种姿势的力度明显较大，从而能够更加有效地保护自己。甚至于有时候，由于双手的力气过大，阻碍了双手的血液循环，从而使得手指和关节泛白。

FBI 的一名探长曾说：“人们通常通过这种双臂交叉法来安抚、宽慰自己，但是抓握式的双臂交叉法通常代表一种消极、恐惧、拘谨、紧张、不安等心理。比如在法庭审讯的过程中，原告通常采用握拳式双臂交叉法，而被告则更多会采用抓握式的双臂交叉法。

（4）伪装的双臂交叉。

FBI 的第二任局长路易·帕特里克·格雷曾经说过：“有些人为了伪装自己内心的不安与恐慌，他们通常不会像普通人那样简单地将双臂交叉放在胸前来保护自己。多数情况下，他们会借助伪装的双臂交叉来掩饰自己的内心世界。”很多人在紧张不安的时候，也会做出一种看似双臂交叉的姿势。实际上，他们在将一只手轻松地搭在另一只手臂上的同时，会用这只手去触摸袖口、手表、首饰或者其他靠近另一只手臂的物品。而在与这些物品接触的同时,这只弯曲的手臂就很自然地横在胸前，从而与对方形成了一道壁垒。通常，这个时候，他们内心的不安便可以得以掩饰。

据 FBI 的心理专家调查显示，男性与女性在躯干保护行为上的表现是有明显差异的。通常，女性手臂交叉的躯干保护行为比男性要多。尤其是当她们感受到威胁并因此惶恐不安的时候，就往往会出于自我保护而将手臂交叉放在胃部，有时候还会将一只手臂斜挎在胸前，再用另外一只手抓住这只手的手臂。有些男性在惶恐不安的时候也会这样做，但男性的躯干保护行为一般比较细微，他们往往会借助伪装的双臂交叉的行为来掩饰自己的内心，如伸手去取东西、固定领结、触碰衣袖或袖口等动作。通常而言，一个人在惶恐不安的时候会不经意地做出这些动作，因为在做这些动作的时候，手臂会自然地穿过胸前或颈部，从而也就起到了自卫的作用。

诸如皇室成员、政治家、电影明星等，由于身份、地位的特殊经常会出现在各种各样的公共场合，而他们都希望能在公众面前保持一种良好的状态。也就是说，他们往往也会利用伪装的交叉双臂姿势来掩饰内心的紧张和焦虑，从而使自己能在公众面前表现得自信、淡定。只要加以留意，你就会发现，调整袖扣这一动作已经成了查尔斯王子的标志性动作。无论何时，只要出席露天活动，在众人的注视之下，查尔斯王子都会习惯性地调整自己的袖扣，从而给自己营造一种安全的感觉。至此，你可能会认为，在度过了长达半个世纪之久的皇室生活之后，像查尔斯王子这样的皇室人员应该早就已经习惯了出席各种大型社会活动，接受众人目光的审视，也应该早已克服了面对大众时的紧张心理。可是，查尔斯王子那细微的交叉双臂的动作却反映出，在公众面前，他仍然和平凡人一样会感到不安，感到缺乏安全感。

总之，FBI 认为，双臂交叉绝不是一个简单的动作——这个动作往往反映了一个人内心的不安，而在各种犯罪调查的过程中，FBI 的特工们往往会巧妙地利用这一点侦破案件。

很多人可能会觉得，人在突然感到寒冷的时候，也可能会交叉双臂，但 FBI 认为，即便如此，也不能否定非语言行为对于读懂一个人内心的重要意义。毕竟寒冷也是一种不适。比如当犯罪嫌疑人被询问时，他们会感到不适，并且经常会喊冷，而实际上，这是由于内心紧张所致。

# 第八章　日常反应：

## FBI 教你发现日常生活背后的蛛丝马迹

# 1

# 字如其人，不无道理

FBI 联邦调查局的资深心理专家罗伯特 · K · 雷斯勒曾说："从笔迹中可以看出很多东西，它是一种潜意识的自然流露，因此，由笔迹就可以观察出一个人的内心世界。同样，笔迹也是性格的一种自然流露，所以，笔迹还可以用来分析人的性格特征。"在这一点上，雷斯勒指出，可以从笔压、字迹大小、字形的笔迹特征来分析人的性格特征。一般可通过如下几种笔记特征分析人的性格：

第一种笔迹特征为字体较大，笔压无力，字形弯弯曲曲，不受格式限制，具有明显的个性风采。这类笔迹较容易变成草书，有向左上扬的倾向，有时也会向右下降，字体稍显潦草，不易让人看懂。

FBI高级探员，也是FIB笔迹分析师的尚·亚瑟认为，这类人和蔼可亲，容易与人相处，并善于人际关系活动，属于亲切、和善、体贴类型的人。他们胸襟宽阔、思维开阔且兴趣广泛，所以他们待人较热情。虽然他们也不拘小节，做事有大刀阔斧之风，但同时也稍显缺乏耐心，不够精益求精，而这就像他们潦草的笔迹一样，总是显得匆匆忙忙，没有太大耐性。

第二种笔迹特征为字形方正，笔压有力，笔画分明，字字独立，而且每一个字都是一笔一画仔细构成。虽然字体的大小与间隔不整齐，但却具有自己一贯的风格；字体的大小各有不同，笔迹却工整，不潦草。

亚瑟认为，这类人不善于交际，他们对各种事物也稍欠热情，对关乎自己的事也表现得不是很有激情，对别人可以说是漠不关心，反应也较为迟钝。因此，这类人很少出现一般人所具有的那种“从众心理”。也就是说，他们属于理智类型的人。因而，他们处事相当认真且严谨，而且在一般情况下，都具有较强的逻辑思维能力，且性格笃实，考虑问题也很全面，办事负责心也很强，做事非常讲究原则。

第三种笔迹特征为字形方正，一笔一画，笔压有力，但与第二种类型不同的是，它属于有规则但无自己风格的平凡型，字迹独立工整，字体大小一致。

这类人凡事都严谨慎重，做事也有板有眼，中规中矩。虽然他们一般意志较为坚定，尤其热衷于自己所认定的事，为人处事也很有主见，但他们的主观性有些太过强烈，常常不容易接受他人的意见。这类人说话也有些唠唠叨叨，反应也有些迟钝，行动也很缓慢，任何时候都是一副不紧不慢的样子，不过一旦行动起来，都颇有毅力，且富有开拓和创新精神。

第四种笔迹特征为字形方正，笔压强劲有力，字的角度不固定，但字体不潦草。字与字之间有一定间距的独立，字体稍小，尤以萎缩或扁平的字形为多，有自己独特的风格。

这类人为人和善，统筹和控制全局的能力较强，但是往往做事不够果断，总是容易受别人的言语和态度的影响。他们非常介意别人对他们的印象和评价，于是总想着面面俱到，结果就造成了他们东倒西歪、没有主见的性格。

由于这类人的气量也比较小，经常为了一些不值一提的小事与人斤斤计较，甚至还大动干戈，并且事后还耿耿于怀。因此，这类人的朋友不多，而能够和他们交心的朋友更是寥寥无几，因为谁也不愿意和一个气度小得有些神经质的人交心。亚瑟指出，从这类人细小的字体、萎缩或扁平的字形来看，他们的心胸较狭窄，性格也比较固执，总是局限在自己的思维范围之内，做事很容易走极端。

第五种笔迹特征为每次书写时不注重字体大小与空间大小的关系，字形有时则工整且有规则，有时又呈直线形，有时字形又忽高忽低，有时又具有自己独特的风格，而字体的大小、形状、笔压以及角度都不固定。可以说，潦草为其显著的特征。

美国心理学家谢巴德指出，这类人虚荣心很强，且极其重视外表，并喜欢表现自己，经常希望出现以自己为话题中心的交谈。他们不仅爱慕虚荣，还很自私，因此，从不考虑对方的感受，更不会站在对方的立场上看待问题，而他们总是由着他们自己的性情说话做事，并且通常是想到什么就做什么，严重缺乏同情心和合作精神。此外，他们为人做事也没有一个固定的原则，怎么说、怎么做都由着他们自己的性子来决定。这就像他们潦草的字体一样，没有任何规则可言，看上去也有些马马虎虎。同样，他们在处理问题时也相当草率，有种急于求成的心理。

谢巴德进一步指出，这类人看待问题的眼光也很现实，并且常伴有消极的性格心理，遇到问题也总是看到阴暗、消极的一面。同时，他们总是以自我为中心的心理，因此更容易陷入悲观失望的情绪中。而忽高忽低的字形，则表示他们往往情绪波动很大，会时常随着生活中的某种变化而出现情绪不稳定的现象。从这一点上看，笔迹分析师亚瑟认为，这类人的心理调控能力相当差，容易遭受外界的影响和刺激，从而给他们自己以及周围的人造成一定的影响或者伤害。

# 2

# 频繁冒汗很可能是因为怕谎言败露

在非洲南部干旱的荒漠地区，生长着一种会说谎的植物——生石花。在不开花的季节中，它们会把自己伪装成卵石或碎石块的模样，以骗过食草动物的眼睛，从而得以生存下来。而到了雨季，这些生石花就会摇身一变，从石缝中开出各色美丽的花朵，给荒漠带来了一丝生机。在自然界中，同样存在着这样一种会说谎的动物——变色龙，它们通过改变自身的颜色，和周围的环境融为一体，以躲开天敌的搜捕。

作为高级生物的人类，说谎更是无可避免。FBI的人类行为分析专家卡特尔通过测试得出了这样一个让人惊讶的结论：人是一种爱说谎的动物，有些人每天平均最少说谎25次。

由此看来，识破他人的谎言是十分必要的。那么，如何才能识破他人的谎言呢？

识破谎言的方法有很多。比如人们说谎时，会不停地抚摸鼻子，擦去鼻子上的汗液；会摩擦脖子，擦去脖子上的汗液；说谎时血压通常会上升，这时，人们会不断流汗，因而会频频做出擦汗的举动。可以说，汗液是识破人们是否说谎的一个重要参考物，因为不停地擦汗能道出人们内心说谎的真相。

2009年，在美国发生了一起骇人听闻的惨案。一天，一个小男孩跟着父亲理查德·杰森去捕鱼，站在船头的小男孩突然发出一声惊呼："爸爸你看，那里有一条巨型鲑鱼。"顺着儿子指的方向，理查德·杰森看到了不远的河面上的确漂浮着一条巨型的鱼。于是，理查德·杰森赶紧将渔船开过去，接着又手忙脚乱地将其打捞上来。然而，打捞上来后理查德·杰森却惊讶地发现，这哪里是什么巨型鲑鱼，分明是一具死尸。于是，理查德·杰森赶紧报了警。当地警察赶到后被尸体的惨状惊呆了——死者是一名女性，脸部以及身上多处被划伤，而因被河水浸泡使得伤口处的皮肉都向外翻卷着，十分恐怖。经法医经过检验得出结论：死者是因为被刀割破颈动脉失血过多而死。很快，警方围绕死者的身份展开了调查。由于死者脸部被划伤，所以无人能识得此人究竟是谁。后来，他们再一次对尸体进行认真观察，发现尸体的肩部有一颗痣，通过对这一年龄段的失踪人口进行调查，并结合肩部特征，发现死者是一名教师，名叫赫莲娜，一直居住在俄勒冈州波特兰市。围绕死者的朋友圈进行调查时，警方发现死者有一名同居男友，两人和周围的人相处得非常愉快。

案发时，死者生前的同居男友彼得正在他的父母那里，而且据说死者与彼得的感情十分深厚，两人并没有什么矛盾。只要一提起死者的名字，彼得就会眼圈发红，泣不成声。这时，案情开始陷入僵局——警方再也查不出任何线索。再加之威拉米特河流域人口十分密集，俄勒冈州70%的人口都集中在这里，这又给案情的侦破增加了很大的难度。无奈之下，警方只好向联邦调查局求助。于是，FBI派出高级特工约翰·E·奥托接手了此案。

经过对案情进行反复研究，约翰·E·奥托发现，提起死者的名字，彼得虽然眼圈发红，一句话也说不出来，但在审问期间，约翰·E·奥托发现他的眼睛有一丝游离，虽然很短暂，但有着丰富调查经验的约翰·E·奥托还是注意到了。于是，约翰·E·奥托将嫌疑目标锁定为彼得，加人了对彼得的调查力度。当问及彼得他和死者感情如何时，约翰·E·奥托注意到彼得的双手绞在一起，额头冒汗。虽然彼得说二人从没有发生过矛盾，但他的肢体语言却告诉了约翰·E·奥托一个信息——彼得在说谎。因为双手紧紧地绞在一起，是紧张的一种表现，而面对强势的约翰·E·奥托特工，出现这种动作本无可厚非，但伴随着额头冒汗，并不停地擦汗，这就透露出了一丝不寻常。也就是说，彼得隐瞒了一些信息。

就在这时，死者生前的好朋友海伦向警方透漏了一丝信息——赫莲娜死前一星期曾和她通过电话，而且赫莲娜在电话中向海伦抱怨，她再也受不了彼得了，想和彼得分手。得到这一信息后，约翰·E·奥托结合彼得的种种表现，于是对彼得展开了强大的攻势。在约翰·E·奥托的步步紧逼下，彼得的额头、鼻子开始不断地冒汗，而彼得则下意识地不停擦汗。最终，他再也隐瞒不下去了，于是道出了事情的原委。

原来，由于彼得脾气有些暴躁，在一次争吵中，彼得动手打了赫莲娜，这让赫莲娜十分心寒。于是，赫莲娜向彼得提出分手，但彼得不同意。后来，彼得看到赫莲娜和一位男士十分亲密，于是将赫莲娜约到河边进行和谈。在交谈中，彼得发现，赫莲娜交了一位新男友，这让他格外气愤，以致彼得一时失去理智，将赫莲娜残忍地杀害了。之后，他怕赫莲娜被人认出，于是将赫莲娜的脸部划伤后，就将赫莲娜的尸体扔入威拉米特河流中了。

在上述案件中，约翰·E·奥托通过仔细观察，敏锐地捕捉到了彼得在谈及赫莲娜时的那一丝游离的眼神。于是，他通过反复询问、强调，让彼得渐渐露出马脚——彼得在紧张的情绪之下，额头、鼻子开始不断地冒汗，并不停地擦汗。之后，死者生前的好朋友海伦向警方透漏的信息成了压倒彼得内心的最后一根稻草。在约翰·E·奥托的不断询问下，彼得再也支撑不住了，于是他道出了事情的原委，使真相自然而然地浮出了水面。

约翰·E·奥托表示，从犯罪嫌疑人的身体语言中窥探对方的心理动向是十分必要的。而也正是因为彼得不断地冒汗、擦汗，才让约翰·E·奥托对他产生了怀疑，因而可以说，是彼得不停擦汗的动作道出了其内心说谎的真相。

# 3

# 女人外出时为什么喜欢挽着男人的胳膊

FBI 行为心理专家凯恩·米特曾经说过：“现实中，男人和女人不仅仅是性别方面存在差异，在身体语言方面也存在不同，而这种不同从女人挽男人胳膊的动作中就可以看出。”在米特看来，女人做出这种行为举止的背后是包含一定意义的。

在熙熙攘攘的人群之中，总能看到一些女士面带微笑地挽着男人的胳膊，而且看上去非常陶醉，也非常开心。或许在很多人看来，女人在大街上挽着男人的胳膊是年轻人才会做的事情，但凯恩·米特通过观察发现，女人挽着男人的胳膊并不只是年轻女人的“专利”，很多中年女人或者老年女人都会有这样的动作表现。凯恩·米特曾设想，可能是因为女人的胳膊被冻凉了，需要取暖才会挽着男人的胳膊。可他经过长时间的观察和研究，推翻了自己此前这个幼稚可笑的想法，并找到了女人喜欢挽男人胳膊的真正原因。其实，这种原因与女人自身的心理需求有很大关系——促使女人在大街上挽着男人胳膊的行为最直接的因素是她们心里对男人产生的好感和渴望被保护的心理需求。在这种情况下，女人挽男人胳膊的动作就会非常自然。相反，如果一个女人对一个男人不感兴趣或者不喜欢他时，很难做出挽男人胳膊的行为，而其心理上也不会对男人产生被保护的心理需求。

从凯恩·米特对行为心理的研究中发现，大多数女人都喜欢用身体接触来向男人表达亲密和善意，但男人似乎不喜欢这样，他们更习惯直来直往，很少会像女人那样喜欢用身体接触的方式来表达亲密感。儿童大多也喜欢依偎在家长面前，这是人类本能属性的一个缩影。随着年纪的增长，人逐步摆脱了不成熟的状态，动物最原始的习性也开始呈现出“下坡路”的状态，并隐藏起来。当一个女人不善于或者不好意思表达自身情感之时，她们往往就会用最原始的身体接触等方式向外释放自己的情感，而接收情感的对象大多是男人，因此从某种意义上来说，女人与儿童比男人更具动物特性。

其实，从心理学的角度分析，女子大多是注重感情的人，在考虑某一件事情时大多也会凭感觉，并且她们会相信感觉。或许正是因为女人的感觉往往会比男人更加敏锐，女人才更习惯用触觉的感受作为替代语言表达的一种方式。凯恩·米特博士甚至还开玩笑地和FBI特工说道：“当你们在与女朋友甜蜜约会时，要养成眼观六路、耳听八方的本领，不仅要学会用耳朵仔细聆听女友在说什么，还要用眼睛去看女友在做什么。只有这样，才能洞察到女友心理的真实意图。”

凯恩·米特在研究中还发现，现实中的每个人在心理上都有警觉心理，也就是人的“安全范围”感觉。每一个人都会以自我为中心，向四处蔓延，形成一个圆形的“心理防御阵地”，而这个阵地是他们认为最安全的。但是当有人误闯入“心理防御阵地”后，这些人会感觉到自己的安全受到了威胁，于是其心理就会发生预警，随即便会产生反抗。

凯恩·米特认为，越是两个不熟悉的人，心理距离就会越大，身体距离也会被拉大。但如果两个熟悉的人在一起，这种心理上的距离就会缩短。比如夫妻之间的关系、父母与子女之间的关系等，他们之间的心理距离可能会缩小至零，而如此一来，也就容易产生肢体上的亲密关系。因此，如果你的女朋友在走路时，总是喜欢亲密地挽着你的胳膊，或是触碰你的身体，说明她和你的心理距离已大大缩短，她不在乎你侵入她的“安全范围”，而你们之间也不存在心理上的距离。

现实中或许有些男人对女人的这种表达亲密关系的方式没有弄清楚，当女人的身体向他们靠拢过来时，他们误以为是对自己有肉体上的欲望，于是便心花怒放，可结果往往会令他们大失所望。其实女人之所以在大街上做出挽男人胳膊的亲密动作，并不完全是为了想进行肉体上的接触，更多的是来自于她们内心深处的情感表达。

而FBI就能够从女人做出的身体动作中读懂隐藏在内的弦外之音，因为这是每一名FBI特工必须要掌握的身体分析术，更是其识人的宝典。

# 4

# 领带的选择与佩戴代表男人的心情心性

领带可以说是每个男性衣橱里面不可缺少的服饰单品，而且随着领带的款式、图案和颜色等的不断变化，男人们对领带也有了很大的选择性。比如有的人习惯选择单一复古的领带，有的人习惯选择颜色鲜艳的领带，有的人在选择领带的时候会随同自己的衬衣而进行配饰；有的人习惯传统的系领带方法，有的人喜欢新式的领带系法等等。事实上，这些不同的习惯和爱好都分别表现出了男性当时的心情和心理特征。

美国心理学家杰克·布朗认为，一个男人在选择自己的领带时是他内心状态最高潮的时刻。所谓内心状态最高潮的时刻应该就是一个人在心理上最富张力的时候，比如一个人内心有一种极强的占有欲望，那么在选择领带的时候也许就是他表现得最明显的时候。因此，领带的选择是一个男人心理的真实表现，所以人们要想知道对方是一个什么样的人，通过他的领带便可一眼看穿。而且杰克还认为，一个男人在选择领带的时候还是遮掩自己当时心情的一种措施，因此，领带关系着男人心理的变化，也是挖掘男性心理特征时一个不容忽视的重要因素。

领带的选择不仅可以让男性的整套西装看起来更加和谐完美，而且最重要的是，这条小小的领带不仅是男性配饰的一个画龙点睛之作，它更代表了男性的心理特征。心理学家认为，越是不起眼的东西越具有大作用，有些事物就是如此。

领带对于男性就像丝巾对于女性那样重要，领带系法的不同体现了男性心理特征的不同，领带的松紧程度以及领结大小都与男性心理有着紧密的联系。习惯将领带结系得又小又紧的人，难免会让人感觉有些小家子气，而事实也是如此。如果是一个个子矮小的男人系这样的领带，那么说明对方因自己的身高而感到自卑，并想通过这种方法让自己在人海中显得高大些，以掩饰自己的缺点；而如果对方并不是一个有身高问题的男性，那么这种人的内心就非常狭隘，而且心理素质较差，气量小，往往会容不得别人对自己的一点质疑和轻视，只是想借此向外界暗示自己不好惹。通常，这种人做事十分谨慎，过于敏感，甚至有些自私，心理上多怀疑别人对他不忠，往往比较吝啬和小气，因此他们没有几个交心的知己朋友。

还有的男性在系领带的时候与上述的情况截然相反，总是将领带结系得很大而且很松弛。这其实是男性潇洒多情的代表，这样的男人一般外表看上去都十分温文尔雅而且并不显得矫揉造作。通常，系这种领带的人感情丰富，不喜欢被人约束，凡事都很主动，活泼善良，在社交方面有不错的人缘。

另外，还有一种男人习惯将自己的领带打得不大不小，不松不紧正好，这种人一般都是完美主义者，而且心思细腻，思考周全，做事认真，配上这种领带，总能让别人感觉到精神焕发，甚至能够带动别人有一个好的心情。另外，这种人的心理承受能力也较强，有责任心，心胸宽广，能够包容别人的过失。

以上是根据领带的系法来判断一个男人的心理特征，而另一种重要的判断方法就是从领带的颜色上来看一个男人的心理特征。心理学家杰克·布朗认为，从颜色上看一个人的心理特征要远远比其他方面来得更准确和清楚。

根据调查，有很大一部分男性习惯佩戴深蓝色的领带，也许是因为这种颜色比较中性，较易搭配衣服，既不张扬也不低沉，让人感觉舒适，才获得了大多数男性的青睐。可以说选择深蓝色领带的人一定是比较成熟且有一定阅历，大多数中年男性多选择这种颜色的领带。这样的人往往风度翩翩，成熟稳重，且内心平静，事业心比较强。内心渴望成功，却从不表现出来，常常是很努力地工作，并且心理波动不会太大，也不会因为外界的一些事情而惊扰到内心的平静。

喜欢绿色领带的人在一定程度上要活泼很多，绿色的领带能够给自己带来青春活力，也让别人感到很轻松愉快。因此，习惯佩戴绿色领带的人大都是年轻人。他们内心波澜不平，但是却富有活力和朝气，性情洒脱，不喜欢拘束的生活，向往心灵自由，对任何事情都充满信心，自我肯定能力强；但却极易冲动，心理自控能力较差，因为自己的鲁莽很可能会影响自己的工作和生活。而这对于年轻的男人来说，也是其心理成长的一个过程和体验。

黑色领带一般是很多男性最爱的单品，它带给人的感觉是多重的。

黑色本身是一种十分神秘和低调的颜色，一般情况下喜欢这种颜色的人多为年长一些的人，而现代随着领带款式的变化，很多年轻人也都十分喜爱这种经典的黑色款。因此，黑色的领带对男性的心理有着多重的影响。这类人大都阅历丰富，内心沉稳成熟，在心理上对人生和生活有很多的感悟，心理辨别能力较强，善良和正义是他们最大的心理特点。而那些较为年轻的人选择佩戴黑色领带则表示他们内心渴望成熟稳重，但是领带的新款式却又让他们显示出了内心狂躁不安和气量狭小的特点。这种人性情多变，因此衣橱里面的黑色领带会有很多，但是款式却不同，外表沉稳、内心浮躁是他们的特点。而还有一种人也喜欢黑色的领带，但是他们内心却有着几分的忧郁气质，让人捉摸不透，难以想象。

喜欢佩戴红色领带的人通常很主动，而且积极向上，狂热奔放，尤其是在聚会的时候很希望引起别人的注意，心里充满了正义感和责任感，给人一种积极乐观的心态。美国总统奥巴马在就职总统典礼上佩戴的领带就是红色的。在美国人眼中，红色的领带是一种个性奔放、充满自由的象征，而奥巴马选择了红色的领带不仅是新总统的时装特点，更是他对未来执政的风格以及心理状态的一种宣言。

还有的人喜欢佩戴多色的领带，比如斜纹且两种颜色相加的领带等等。这样的人心理上的气场十分强大，周围的人都会因此而感到敬仰，而且他们目标性强，内心坚韧，遇事总能够迎刃而解。英国前任首相布莱尔经常佩戴他那条被英国人誉为“最经典的领带”，即红白以及金色相间的斜纹领带。每次遇到危机的时候他总会佩戴这条领带出席，因为它往往能够使他更加自信。

布莱尔首次佩戴是在 2005 在 7 月 6 日，那天伦敦赢得了奥运会举办权，因此它被誉为“幸运领带”。此后，每次布莱尔遇到棘手的问题就会戴上这条领带，这样他就有足够的信心和耐力去解决问题。2006 年，布莱尔被卷入了性丑闻事件，当时心烦意乱的他又戴着这条领带出席了新闻记者会，并顺利解决了这件事情。这足以表明布莱尔心理上的状态与变化以及与那条斜纹领带的关系，这也充分地说明了领带能够反映一个人的心理本质。

# 5

## 提包能够彰显一个人的需求与个性

提包是日常生活、学习与工作中与人们形影不离的必需品。正因为它具备如此特殊的作用，美国特工认为，在一定程度上，可以从一个人携带的提包上来获知对方的一些信息，进而了解他的某些习性与特点。

美国FBI高级探员科尔曼表示，提包的种类多种多样，人们一般是根据自己的喜好与需求进行选择，因此，透过提包可以基本判定一个人的身份与性格特点。一般来说，选择大众化提包的人，性格往往也比较大众化，或者没有什么鲜明独特的个性。这类人做事时往往会随波逐流，没有自己的主见与看法，且目光比较平庸与狭隘，取得的成就也不大。

美国FBI心理学专家根据特工们长时间的经验总结，针对手提包与性格之间的联系做过一些研究，并将研究结果用到了对新特工的培训中。

FBI心理学专家发现，喜欢休闲式提包的一类人，大多懂得享受生活，他们的工作具有很大的伸缩性，自由活动空间比较大，性格乐观。这类人对生活的态度比较随意，不会过分要求自己，能较好地安排自己的生活、工作和学习，做到劳逸结合，在比较轻松的环境中做自己喜欢做的事情，并能取得一定成就。一般来说，这类人比较有主见，喜欢掌控自己的生活轨迹。美国心理学家罗伯特还表示，这类人的野心不大，没有心机，言语行为不具有攻击性，和这类人相处会很轻松。

FBI常常能对携带公文包的人的身份地位进行一定范围的定位。他们认为，选择公文包的人可能是某个公司的总经理；假若是普通职员，那也是比较正式的公司。对他们来说，选择公文包往往是一种工作的需要，但其中也会透露出一个人的性格特征。由于工作性质的需要，这类人大多数办事比较小心谨慎，严肃认真，对他人比较严厉，对自己的要求也比较高。

杰克·威尔曾是一名美国陆军中校，后弃武从商，成为华尔街一家知名投资银行的银行行长，其手下对他的评价是：每天西装革履，手携黑色商务公文包，戴着古典金表，不苟言笑，走路时身材笔直，工作严肃认真。可以看出，军人出身的杰克·威尔已经养成了严肃、追求极致的性情，做事雷厉风行，理智多于情感。与之相比，喜欢携带方形提包的人就显得大为不同了。FBI发现，喜欢这一款式手提包的人，往往没有经历过什么大的挫折或磨难，其心理承受能力比较差，受挫时容易退缩或妥协。

FBI认为，而喜欢肩式手提包的人，在性格上往往比较独立，但在言谈举止等各方面却很传统与保守。就像提包本身一样，他们要求有一定相对自由的空间，但不需要太大，交际圈也相对较小。走在路上，总会见到一些背着肩式手提包的上班族，可以看出，他们的言谈比较传统，步履稳健，常常是独身一人。

但携带精巧细致的手包的人则是另一番现象了。FBI发现喜欢精致手包的人大都是年轻女性，手包精巧但不实用，只起到点缀自身的作用，是比较单纯的女孩子的标志，显示出她们的活泼与灵气；而如果成熟知性的女性热衷于选择这款包，就表示她们积极乐观的生活态度，对未来也充满了期待。同这一类人交往会很开心，交谈也比较自在、随意。

FBI心理学专家还对喜欢浓郁民族风情的手提包的人做过一番研究。他们发现喜欢这种款式的人自主意识比较强，是典型的个人主义者。他们性格突出，往往有着与别人与众不同的打扮与思维方式等；而喜欢超大型手提包的人，性格往往是自由自在、无拘无束的，他们生活态度散漫，缺乏必要的责任感；另有一类是喜欢金属制手提包的人，这类人比较敏感，对新鲜事物的领悟和接受能力比较强，能够跟上时代的步伐。只是这一类人一般不肯轻易地付出，只是希望从别人那获取收益；还有就是喜欢中性色系手提包的人，这类人的表现欲不是特别强烈，他们不希望被别人注意。FBI也注意到，他们对待事情往往持得过且过的态度，比较散漫，对别人也是喜欢保持中立的立场；而喜欢男性化皮包的女性，一般来说比较强悍、能干，且趋于外向化，在当今时代表现比较明显。FBI还发现，不习惯带手提包的人，往往也分为几种性格，或是认为手提包是一种负担，太麻烦，这说明他们懒惰；还有就是认为手提包在无形之中是一种障碍，他们想保持独立自主，希望独立。这两种情况都显示出他们的责任心不是很强，往往不希望对任何人、任何事负责任。因此与这种人打交道时一定要慎重。

除了对手提包类型的选择外，FBI 还可以从包内物件的摆放上进一步获悉一个人的性格特点，而且这一点表现也特别明显。FBI 心理学家根据手提包内容物的不同，分出以下几种心理类型：

杂乱型：FBI 表示，这种提包的主人个性率直、热情、性情随和、不斤斤计较。与这类人很容易打交道，但也容易疏离；他们好交际、慷慨大方，有时会做出让人非常意外的事情。但由于他们办事不够谨慎，工作不细致，很难与具有高度工作责任感的人共事。

整齐型：FBI 心理专家威尔表示，同杂乱型截然不同，这种提包款式一般朴素大方，色调偏向淡雅；这种提包的主人有强烈的上进心，品行端正，办事可靠，充满自信。有组织才能，待人接物彬彬有礼，对工作有高度责任感且生活有序，缺点是缺乏想象力。

全面型：FBI 调查发现，有一类人的提包里应有尽有：电话号码通讯录、备用眼镜、保健药盒、指甲钳、各种钥匙串、塑胶食品袋等。如果是女性，则说明她的个性一般是做事认真严格、很能持家、善于处理实际问题且心地善良；如果是男士，说明他过度拘泥细节，且心胸狭窄。

职业型：职业型的人在提包里装有各种笔记本、专业杂志、厚厚的本子、当天报纸，并且必定有一支以上的笔，甚至可能还有个电子计算机或行动电话等。FBI 解释，这类人性格各异，但普遍都很自信，然而缺乏幽默、灵活，对生活上许多事情的看法过于单一，个人意识特别强。

此外，还有摩登型与清洁型。摩登型的手提包样式新颖，其提包里放有各式各样的饰物饰品，显示出主人爱色彩、爱冒险、富于幻想、追求时髦的特性，思想比较简单；而清洁型的手提包都很干净清洁，且提包内随时带有清洁剂、香水、指甲刀等物品，这也反映出主人是个性保守、心地善良、对危险事物极其敏感的人。